《海洋小百科全书》于 2002 年 5 月出版，2003 年 9 月被中国共产党中央委员会宣传部、中国科学技术协会、中华人民共和国科学技术部、国家广播电影电视总局、中华人民共和国新闻出版总署、国家自然科学基金委员会、中国作家协会联合授予"第五届全国优秀科普作品奖科普图书类三等奖"。本书于 2007 年 10 月修订再版，现再次修订，由中山大学出版社出版。

《海洋小百科全书》荣获"第五届全国优秀科普作品奖"

海洋 小百科 全书

主　编　关庆利
副主编　丁玉柱　彭　垣

海洋气象

孙即霖　彭　垣　编著

中山大学出版社
· 广州 ·

版权所有 翻印必究

图书在版编目(CIP)数据

海洋气象/孙即霖,彭垣编著. —广州:中山大学出版社,2012.1

(海洋小百科全书/关庆利主编)

ISBN 978-7-306-03570-7

Ⅰ. ①海… Ⅱ. ①孙… ②彭… Ⅲ. ①海洋气象 – 普及读物 Ⅳ. ①P732-49

中国版本图书馆 CIP 数据核字(2009)第 222095 号

出 版 人:	徐 劲
策划编辑:	蔡浩然
责任编辑:	蔡浩然
装帧设计:	杨桂荣 曾 斌
责任校对:	张礼凤
责任技编:	何雅涛
出版发行:	中山大学出版社
电　　话:	编辑部 020 – 84111996,84113349
	发行部 020 – 84111998,84111981,84111160
地　　址:	广州市新港西路 135 号
邮　　编:	510275　　　传　真:020 – 84036565
网　　址:	http://www.zsup.com.cn　E-mail:zdcbs@mail.sysu.edu.cn
印 刷 者:	佛山市浩文彩色印刷有限公司
规　　格:	880mm × 1230mm　1/32　8.5 印张　180 千字　4 插页
版次印次:	2012 年 1 月第 1 版
	2014 年 4 月第 4 次印刷
定　　价:	16.80 元

如发现本书因印装质量影响阅读,请与出版社发行部联系调换

海洋气象

◀ 海龙卷肆虐

▲ 乱云飞渡

北极奇光 ▶

▶ 台风眼和台风云

海洋气象

龙卷漏斗

▲ 海上日出

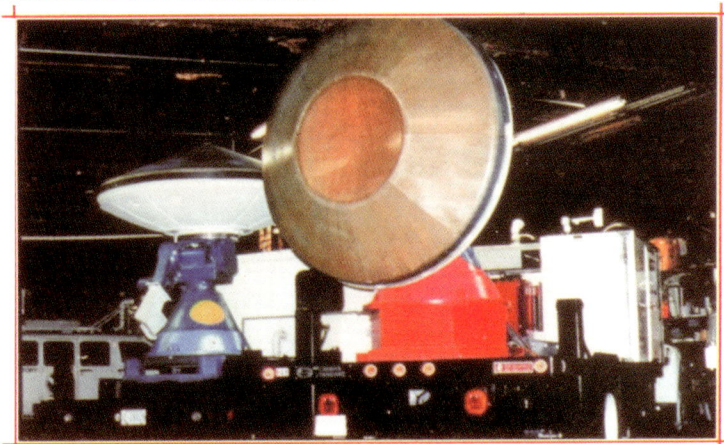
◀ 气象探测仪器

迎风斗浪 ▼

海边探空 ▲

海洋气象

◀ 疑是仙境

搬运气象仪器 ▲

◀ 海上测风

◀ 黑云登陆

海洋气象

▼ 气象卫星

海上观测 ▲

▼ 北极极光

枝状闪电 ▲

绚丽长空 ▼

序言

　　海洋是人类的母亲,也是人类千万年来取之不尽、用之不竭的巨大资源宝库。在人类赖以生存的蓝色星球——地球上,蔚蓝色的海洋占有约71%的总面积。

　　雄踞在这颗蓝色星球的东方、浩瀚无垠的太平洋西岸上的中华人民共和国,不仅拥有960万平方千米的陆地国土,而且还拥有300万平方千米的海洋国土,有着1.8万千米绵延曲折的海岸线。在这浩瀚的蓝色国土上,珍珠般地镶嵌着大大小小6500多个美丽而富饶的岛屿。

　　勤劳勇敢的中华民族,在古代就凭着自己卓越的智慧和创造力,伐木成舟,劈波斩浪,牵星观月,远渡重洋,以举世瞩目的海洋文明跻身于世界航海强国的民族之林。

　　21世纪是海洋的世纪,21世纪的主人翁就是今天的青少年朋友。他们不仅是我国的未来和希望,而且必定是21世纪振兴经济和提升海洋科技的主力军。海洋将是青少年朋友报效祖国、振兴中华民族大显身手的辉煌舞台。只有帮助青少年及早地以科学的眼光认识世界的发展,科学地把握未来,早日加入到海洋开发建设的队伍中来,才能更好地发展我国的海洋经济,捍卫我国的海洋权益。未来是海洋的时代,只有让广大的青少年了解海洋、接近海洋、认识海洋,才能把握海洋、开发海洋、利用海洋和捍卫海洋权益,为祖国的海洋开发建设作贡献,为中华民族的子孙后代造福。为了提高中华民族的海洋文化素质,再铸中华民族海洋文明的辉煌,使我国成为21世纪的海洋强国,有识之士必须从现在做起,从青少年抓起,全面培养我国青少年的海洋意识,普及海洋科学知识,提高海洋科技技能,增强蓝色国土观念和捍卫海洋权益的责任感、使命感。从这个意义上说,在人类进入21世纪的伟大时代,在全球开始创造海洋经济的伟大时刻,在世界日益关注海洋权益的今天,出版这套经过缜密修订的全面、系统、科学地介绍海洋知识的《海洋小百科全书》,无疑是奉献给我国青少年朋友的一份珍贵礼物,是激发青少年的海洋兴趣、增长海洋知识、普及海洋文化、宣传海洋文明、提高海洋素质、促进海洋教育所做的一件功在当代、利在千秋的非常具有实践成就和指导意义的工作。

绚丽多姿的海洋召唤着青少年朋友们去探索和揭秘,无穷无尽的海洋宝藏等待着有志于海洋事业的青少年朋友们去开发和利用。这套图文并茂、深入浅出的《海洋小百科全书》,必将以丰富的知识性、深刻的思想性和高雅的趣味性,成为青少年朋友在蓝色海洋里成长、成才的良师益友。

祝愿青少年朋友读完这套书后能够早日成为大海的骄子,为把祖国建设成伟大的海洋经济强国和海洋科技强国贡献自己宝贵的青春和智慧。

国家海洋局局长:

2010年4月6日

目 录

一、走近海洋风暴

1. 海洋上的风暴有哪些名称? ……………………… (2)
2. 谁打败了忽必烈征伐日本的大军? ……………… (3)
3. 飓风怎样帮助戚继光消灭倭寇? ………………… (3)
4. 抗元名将张世杰最终败于谁手? ………………… (4)
5. 谁在日本人之后又重创了美国海军? …………… (4)
6. 什么叫气旋? ……………………………………… (5)
7. 什么叫台风? ……………………………………… (6)
8. 谁提供生成台风的"种子"? …………………… (6)
9. 气旋性涡旋为什么容易出现在赤道辐合带中? … (7)
10. 为什么台风形成在热带高温洋面上? …………… (7)
11. 台风是怎样在海上发展起来的? ………………… (8)
12. 有袖珍型台风吗? ………………………………… (8)
13. 为什么袖珍型台风破坏力并不小? ……………… (9)
14. 台风为什么不能在陆地上生成? ………………… (9)
15. 为什么我国和美国的东部沿海受热带风暴的
    影响多? ………………………………………… (10)
16. 北印度洋的热带风暴为什么具有特殊的
    "脾气"? ……………………………………… (10)
17. 什么是台风的危险象限? ……………………… (11)
18. 哪个大洋中的风暴多? ………………………… (12)

19. 北太平洋一年中哪个月份生成的台风数量最多？ (13)
20. 台风有"休眠期"吗？ (13)
21. 南半球有台风吗？ (13)
22. 为什么台风不能"访问"另一半球？ (14)
23. 台风为什么喜欢绕着副热带高压移动？ (15)
24. 西北太平洋台风移动的路径有几条？ (15)
25. 怎样判断台风要"走"哪条"路"？ (16)
26. 台风移动路径与季节有什么关系？ (16)
27. 台风移动为什么有时快有时慢？ (17)
28. 我国内陆省份受台风影响吗？ (17)
29. 我国哪些内陆省(区)会受到台风的影响？ (18)
30. 我国哪些省份受台风影响最多？ (18)
31. 为什么日本容易受台风的影响？ (18)
32. 会不会提前知道当年台风发生的数量？ (19)
33. 为什么有的年份登陆台风特别多？ (19)
34. 预报台风为什么要考虑冷空气的活动？ (20)
35. 台风的能量有多大？ (20)
36. 台风的巨大威力是从哪里来的？ (20)
37. 为什么有的时期台风喜欢"结队"而来？ (21)
38. 赤道辐合带中的台风"种子"数量由谁控制？ (22)
39. 台风结队来时为什么喜欢"我行我素"？ (22)
40. 会有两个台风同时影响我国吗？ (22)
41. 两个同时存在的台风互相之间有影响吗？ (23)
42. 台风中哪个部位的风速最大？ (23)
43. 台风中心的风速大吗？ (23)
44. 台风中心的天气恶劣吗？ (24)
45. 台风中心经过的地区海面升高还是降低？ (25)
46. 台风风场的旋转轴是垂直于地球表面吗？ (25)

47. 台风为什么会有"温暖"之心？ ……………………… (25)
48. 台风造成的损失有多少？ ……………………… (26)
49. 台风对人类生活有哪些"功劳"？ ……………………… (26)
50. 为什么台风通常不会在赤道上生成？ ……………………… (27)
51. 西北太平洋的台风起源地在哪些海区？ ……………… (27)
52. 袭击澳大利亚的台风是顺时针旋转还是
    逆时针旋转？ ……………………… (28)
53. 台风对澳大利亚的北部影响大还是对南部
    影响大？ ……………………… (29)
54. 为什么非洲受台风的影响不多？ ……………………… (29)
55. 台风为什么很少到夏威夷"观光"？ ……………………… (29)
56. 为什么台风有时会打转或"蛇行"？ ……………………… (30)
57. 台风"参观"某些国家后还会回到海上去吗？ ………… (30)
58. 台风比较"喜欢"哪些国家？ ……………………… (31)
59. 为什么跟在轮船屁股后面的台风威胁性大？ ………… (31)
60. 什么叫龙卷风？ ……………………… (32)

61. 龙卷风和台风有什么相似的地方？ ……………………… (33)
62. 龙卷风和台风有什么不同？ ……………………… (33)
63. 龙卷风有多大的威力？ ……………………… (34)
64. 龙卷风可以使人远距离飞翔吗？ ……………………… (35)
65. 你知道世界上发生过哪些五花八门的"怪雨"吗？ … (35)
66. "怪雨"是怎么产生的？ ……………………… (36)
67. 龙卷风的"脾气"为什么粗暴？ ……………………… (37)
68. 龙卷风会"牵连无辜"吗？ ……………………… (37)
69. 龙卷风是怎样做到不"牵连无辜"的？ ……………… (38)
70. 龙卷风的"吸水、吸物"现象是怎么形成的？ ………… (38)
71. 位于龙卷风的中心是幸运还是危险？ ……………… (39)
72. 建筑物是被龙卷风"刮"散的吗？ ……………………… (39)
73. 什么是雷暴？ ……………………… (40)

74. 什么是对流性天气? ……………………………… (40)
75. 对流性天气发生的条件是什么? ………………… (41)
76. 为什么强雷暴天气的发生与逆温层有关? ……… (42)
77. 龙卷风发生、发展的有利条件是什么? ………… (42)
78. 龙卷风最喜欢在什么时间"现身"? …………… (43)
79. 海上龙卷风卷起的水柱有多高? ………………… (43)
80. 龙卷风比较"喜欢"哪些国家和地区? ………… (44)
81. 能够预报龙卷风的出现吗? ……………………… (45)
82. 大气中是否存在"钱塘潮"? …………………… (45)
83. 飑线的威力有多大? ……………………………… (46)
84. "爆发性气旋"的"爆发"是什么意思? ……… (47)
85. "爆发性气旋"对航运安全有什么影响? ……… (48)
86. 海上"爆发性气旋"的"老家"在哪里? ……… (48)
87. "爆发性气旋"大多发生在什么季节? ………… (49)
88. 冬天从陆地移到海上的气旋为什么容易增强? … (49)
89. 海上"爆发性气旋"在哪些海区最多? ………… (50)
90. 为什么把海上"爆发性气旋"称作"气象炸弹"? … (50)
91. 你能解开"爆发性气旋"形成之谜吗? ………… (51)
92. 什么是风暴潮? …………………………………… (51)
93. 风暴潮的危害有多大? …………………………… (52)
94. 最严重的风暴潮发生在什么地方? ……………… (53)
95. 哪些地区最易遭受风暴潮的侵袭? ……………… (53)
96. 冬春季节江苏、浙江沿海出现强风暴潮的
    可能性大吗? …………………………………… (54)
97. 我国渤海产生风暴潮的天气系统有哪些? ……… (54)
98. 我国最早开展风暴潮研究并取得重大突破的海区
    是哪个? ………………………………………… (55)
99. 造成我国南、北方风暴潮危害的天气相同吗? … (55)
100. 为什么风暴潮靠近海岸时水位会猛增? ………… (56)

101. 风暴潮的出现有先兆吗？ …………………………… (56)
102. 海上狂涛恶浪时为什么大的船舰易被毁坏？ …… (57)
103. "爱沙尼亚"号客轮是怎样沉没的？ ……………… (57)
104. 台湾海峡中的风速为什么大？ …………………… (58)
105. 世界上的"风极"在什么地方？ …………………… (59)
106. "风湖"、"风库"在什么地方？ …………………… (59)
107. 为什么在南半球存在"咆哮"西风带？ …………… (60)
108. "航海家的坟墓"在什么地方？ …………………… (61)
109. 地球表面最大的风速有多大？ …………………… (62)

二、探寻海洋天气

110. 你知道雾、霭、霾有什么区别吗？ ……………… (64)
111. 发生在海上的雾就是海雾吗？ …………………… (64)
112. 海雾对海上交通有什么影响吗？ ………………… (65)
113. 美军怎样受到雾的捉弄而惨遭损伤？ …………… (66)
114. 海雾有哪几种？ …………………………………… (66)
115. 诸葛亮"草船借箭"得到什么雾的帮助？ ………… (67)
116. 有雾的天气为什么风速不会很大？ ……………… (68)
117. 什么是逆温层？ …………………………………… (68)
118. 逆温层对有害雾的形成有什么作用？ …………… (69)
119. 世界上第一部《海雾》专著的作者是谁？ ……… (70)
120. "雾窟"在什么地方？ ……………………………… (70)
121. "雾岛"是海洋中的岛屿吗？ ……………………… (70)
122. 哪些地方有"雾都"之称？ ………………………… (71)
123. 雾与云有什么区别？ ……………………………… (72)
124. 海雾对青岛的气候有什么影响？ ………………… (72)

125. 为什么青岛的初夏多雾？ ……………………… (73)
126. 我国东部沿海的海雾为什么与渤海海冰有关？ …… (74)
127. 地球上哪些海区的海雾多？ …………………… (75)
128. 雾凇是什么？ …………………………………… (75)
129. 为什么雾凇多出现在中高纬度沿海地区？ ……… (76)
130. 什么是低空急流？ ……………………………… (76)
131. 为什么沿海地区雷雨多发生在夜间？ ………… (77)
132. 为什么某些高温洋面上的降水量特别少？ …… (78)
133. 什么叫云团？ …………………………………… (78)
134. 云团有哪几种类型？ …………………………… (79)
135. 季风云团出现在什么地方？ …………………… (79)
136. 爆米花云团是什么样的云团？ ………………… (80)
137. 副热带高压带是怎么回事？ …………………… (80)
138. 海上副热带高压的天气有什么特点？ ………… (80)
139. 西北太平洋副热带高压对我国的天气变化
     有哪些影响？ …………………………………… (81)
140. 西北太平洋副热带高压与我国的雨带
     有什么关系？ …………………………………… (81)
141. 雨带的位置为什么会随季节变化？ …………… (82)
142. 西北太平洋副热带高压与雨带的变化
     有什么关系？ …………………………………… (82)
143. 你知道马纬度的来历吗？ ……………………… (83)
144. 什么样的船可以选择马纬度航线？ …………… (84)
145. 什么叫东风波？ ………………………………… (84)
146. 东风波如何在海面上移动？ …………………… (85)
147. 东风波可以变成台风吗？ ……………………… (85)
148. 赤道辐合带是在赤道上吗？ …………………… (85)
149. 赤道辐合带对海上天气有什么影响？ ………… (86)
150. 从天上降到我国的雨水是从哪里来的？ ……… (86)

151. 如何判断飞行航线上有无雷雨发生？……………（87）
152. 海面上风的方向为什么随高度旋转？…………（88）
153. 为什么夏威夷的天空特别清洁？………………（88）
154. 为什么夏威夷也有几乎天天降水的地区？………（89）
155. 夏威夷的降水量为什么存在巨大的差别？………（90）
156. 夏季我国东北为什么容易有暴雨？……………（90）
157. 为什么梅雨季节长江口地区容易受气旋的影响？……………………………………………（91）
158. 如何判断风暴即将来临？………………………（91）
159. 对航海安全威胁最大的天气系统有哪些？………（92）
160. 是谁最早给风力编队的？………………………（92）
161. 现代应用的风级是谁最早提出的？……………（93）
162. 如何根据海面状况判断风力的大小？…………（93）
163. 影响海上军事行动的气象因素有哪些？………（95）
164. 谁为雷达提供"千里眼"？………………………（95）

165. 风对海上军事行动有什么影响？………………（96）
166. 空气中的水分对海上军事行动有什么影响？……（96）
167. 海雾对现代海战有什么影响？…………………（97）
168. 云对海上军事活动有什么影响？………………（98）
169. 英国海军是怎样利用天气战胜西班牙"无敌舰队"的？……………………………………………（98）
170. 诺曼底登陆战役为什么选在6月份进行？………（99）
171. 谁为诺曼底登陆战役提供了急需的天气预报？…（100）
172. 诺曼底登陆战役前德国气象人员的天气预报如何间接影响了战局？……………………………………（100）
173. 天气在郑成功光复台湾的战斗中起了什么作用？……………………………………………（101）
174. 东海与长江中下游地区的梅雨有关系吗？……………………………………………（102）

175. 夏季乘船旅行,应注意什么天气? …………………… (102)
176. 春季和秋季乘船去日本,应注意什么天气? …… (103)
177. 人造气象卫星的意义有多大? ……………………… (104)
178. 世界上最早的气象卫星是哪一年发射的? ……… (104)
179. 我国是从哪一年开始拥有气象卫星的? ………… (104)
180. 什么叫极轨气象卫星? ……………………………… (105)
181. 什么叫地球同步气象卫星? ………………………… (106)
182. 通过气象卫星可以了解哪些气象要素? ………… (106)
183. 气象卫星发回的云图有几种? ……………………… (106)
184. 气象卫星如何"窥视"海面上的风? ……………… (107)
185. 海市蜃楼是一种什么现象? ………………………… (107)
186. 海市蜃楼中的景象来自何方? ……………………… (108)
187. 海市蜃楼中的图像有规律吗? ……………………… (109)
188. 在船体上结的冰叫什么名字? ……………………… (110)
189. 大气中为什么存在过冷却雨滴? …………………… (110)
190. 雨凇多见于船体的哪一面? ………………………… (111)
191. 雨凇多出现在什么季节? …………………………… (112)
192. 雅加达的雷雨为什么会报时? ……………………… (112)
193. 印度洋上的"偶极型现象"怎样影响亚洲的
    天气? ……………………………………………… (113)
194. 为什么北印度洋上没有副热带高压? …………… (114)
195. 为什么海面风速比陆地风速大? …………………… (114)
196. 什么是濛雨? ………………………………………… (115)
197. 濛雨的发生与海洋有关吗? ………………………… (116)
198. 为什么夏天有时雨多,有时雨少? ………………… (116)

二、感受海洋冷暖

199. 是谁驱使热浪滚滚? ………………………………… (118)

200. 世界上最热的地方在哪里? ……………………… (118)
201. 世界热极为什么不在海岛上出现? ……………… (119)
202. 大西洋中的副热带高压夏季"关照"哪里? …… (120)
203. 我国哪些地区出现热浪与西太平洋副高有关? … (120)
204. 空梅与副热带高压有什么关系? ………………… (121)
205. 热浪造成的损失有多大? ………………………… (121)
206. 气温高低对海上军事行动有什么影响? ………… (121)
207. 冬天哈尔滨与海南岛的气温为什么有几十度的
    差别? ……………………………………………… (122)
208. 夏天哈尔滨与海口的气温为什么差别不大? … (123)
209. 青岛春季的气温为什么比北京低? ……………… (124)
210. 为什么青岛住一楼的人在6月、7月份感到特别
    潮湿? ……………………………………………… (124)
211. 为什么青岛夏天的水泥地面会出水? …………… (125)
212. 为什么铁制品在青岛容易生锈? ………………… (125)
213. 为什么气温30℃,感觉青岛比北京热? ………… (126)
214. 为什么都是0℃,在青岛感觉比在济南冷? …… (126)
215. 为什么世界上最寒冷的小镇,夏天的气温却
    高达40℃? ………………………………………… (127)
216. 大山脉两侧的干、湿为什么会有天壤之别? …… (128)
217. 大气中能含多少水分? …………………………… (128)
218. 为什么冬季中高纬度大洋西岸的气温比东岸
    的气温低? ………………………………………… (129)
219. 为什么中低纬度大洋西岸的气温比东岸的
    气温高? …………………………………………… (129)
220. 为什么冬季挪威的气温高于哈尔滨的气温? … (130)
221. 气温为什么随高度降低? ………………………… (130)
222. 为什么青岛的草木发芽比济南晚很长时间? … (131)
223. 为什么夏季在青岛的海边感到凉爽? …………… (131)

224. 为什么艳阳高照,而衣服却不容易晒干? ……… (132)
225. 为什么青岛是适合疗养康复的好地方? ……… (132)
226. 世界上最冷的城市是哪一个? ……… (133)
227. "世界寒极"在什么地方? ……… (133)
228. 我国的"寒极"在什么地方? ……… (134)
229. 什么是寒潮? ……… (135)
230. 寒潮在什么季节最多? ……… (136)
231. 造成我国寒潮的冷空气源地在哪里? ……… (136)
232. 北冰洋上空的气温低还是南极大陆上的气温低? ……… (137)
233. 为什么寒潮冷空气是"匆匆的过客"? ……… (137)
234. 为什么寒潮到来以前,气温会异常地偏高? …… (138)
235. 影响我国的寒潮"关键区"在什么地方? ……… (138)
236. 影响我国的寒潮冷空气"进军"路线有哪些? … (139)
237. 各路寒潮的天气具有哪些不同的特点? ……… (140)
238. 北半球冷空气到南半球"探亲"最方便的路线在何处? ……… (140)
239. 南半球大气到北半球"探亲"最热闹的路线在何处? ……… (141)
240. 什么原因使两半球大气"探亲"的路线不一样? ……… (141)
241. 北冰洋和南太平洋可以直接"联络"吗? ……… (141)
242. 北冰洋和南印度洋可以直接"联络"吗? ……… (142)
243. 什么叫冷涌? ……… (142)
244. 冷涌与赤道地区的对流活动有什么关系? ……… (142)
245. 青藏高原对冷涌有什么作用? ……… (143)
246. 冷涌的路径经过哪些地方? ……… (143)
247. 冷涌发生时通常伴有哪些天气现象? ……… (143)
248. 谁无情地剥夺了"泰坦尼克"号遇难者的生命? …… (144)

四、变换海洋风雨

249. 什么是气团? ………………………………… (147)
250. 什么是水团? ………………………………… (147)
251. 什么是锋面? ………………………………… (147)
252. 什么是海洋锋? ……………………………… (148)
253. 气团改变性质后叫什么名字? ……………… (148)
254. 锋面为什么是倾斜的? ……………………… (149)
255. 大气锋面附近通常有什么天气? …………… (149)
256. 海洋锋与渔场的形成有什么关系? ………… (150)
257. 海上渔场的形成为什么与风有关? ………… (151)
258. 东海的渔业资源宝藏是谁给的? …………… (151)
259. 什么是海陆风? ……………………………… (152)
260. 海陆风是怎么形成的? ……………………… (153)
261. 海陆风的出现与地理纬度有关系吗? ……… (154)
262. 海陆风对沿海大气环境有什么影响? ……… (154)
263. 为什么在赤道太平洋岛屿上发现企鹅生存? … (155)
264. 大气和海洋的热力结构最明显的差别
     是什么? ……………………………………… (155)
265. 如果没有风,海洋将是什么样子? ………… (156)
266. 秘鲁人和智利人是怎样用网"捞"取海
     雾水的? ……………………………………… (156)
267. 美国人是怎样帮助太平洋中的水汽降落到加利福
     尼亚的? ……………………………………… (157)
268. 最早的人工影响天气行为是在什么时期
     开始的? ……………………………………… (157)

269. 云中过冷却水滴最先在什么地方被发现？ ……(158)
270. 是谁最先发现干冰可以催化冷云降水的？ ……(159)
271. 人类第一次人工催化降水实验在哪一年
    进行？ ………………………………………………(159)
272. 碘化银对云的催化作用是怎样被发现的？ ……(160)
273. 为什么"气象武器"收到了意想不到的效果？ …(160)
274. 我国第一次人工降雨试验是哪一年进行的？ …(161)
275. 人工是怎样"消"雨的？ ………………………(161)
276. 人工是怎样影响"台风"的？ …………………(162)
277. 人工怎样消雾？ …………………………………(163)
278. 人工如何防雹？ …………………………………(163)
279. 谁造成了海水"咸淡"不均？ …………………(164)
280. 风对上层海水的混合有什么作用？ ……………(164)
281. 大气中的混合层是怎么形成的？ ………………(165)
282. 大气温度对海水上下的混合起什么作用？ ……(166)
283. 为什么北太平洋上温带气旋的归宿地是阿留
    申群岛？ …………………………………………(166)
284. 为什么北大西洋上的温带气旋都移向冰岛？ …(167)
285. 为什么日本海的东部沿海冬季风雪天气多？ …(167)
286. 我国唯一的海洋气象专业是哪一年设立的？ …(167)
287. 你知道如何在海上进行海洋气象观测吗？ ……(168)
288. 你知道信风是什么样的风吗？ …………………(169)
289. 热带海洋上空的信风对海洋造成了什么影响？ …(169)
290. 海流对海上军事行动有什么影响？ ……………(170)
291. 海水结冰后,海面风还能影响海洋的运动吗？ …(170)
292. 大洋中的赤道潜流是以谁的名字命名的？ ……(171)
293. 南海海流为什么出现季节性的转换？ …………(172)
294. 为什么暖洋流海水中的含盐量高？ ……………(172)
295. 可以从山东经渤海海面步行到辽宁吗？ ………(173)

296. 大气、海洋、社会、经济的变化有相似性吗？……(174)

五、领悟沧海桑田

297. 河流源头的水是从哪里来的？………………(177)
298. 内陆地区暴雨的水分从何处来？……………(178)
299. 大洋上空大气中的凝结核来自哪里？………(178)
300. 为什么大气中的热量不是直接来自太阳？……(179)
301. 海洋性气候有哪些特征？……………………(180)
302. 什么是海洋性气候？…………………………(180)
303. 海洋性气候只有一种吗？……………………(181)
304. 为什么说海洋是气候的大空调器？…………(182)
305. 海洋和陆地为什么对大气的影响不同？………(183)
306. 海岸带气候有什么明显的特点？……………(183)
307. 海洋性气候和大陆性气候最主要的区别
     是什么？………………………………………(184)
308. 海洋气候带有几种类型？……………………(185)
309. 赤道海洋气候有什么特点？…………………(185)
310. 热带海洋气候有什么特点？…………………(185)
311. 副热带海洋气候有什么特点？………………(186)
312. 温带海洋气候有什么特点？…………………(186)
313. 寒带海洋气候有什么特点？…………………(186)
314. 极地海洋气候有什么特点？…………………(186)
315. 什么是气候系统？……………………………(187)
316. 气候系统中有哪些主要气候过程？…………(188)
317. 为什么南半球的气候变化幅度比北半球
     要小得多？……………………………………(189)

318. 气候预测为什么必须考虑海洋的影响？ ……… (189)
319. 如果海洋面积变小,气候将会是什么样子？ …… (190)
320. 海洋的流动与大气有关系吗？ ……………… (191)
321. 是谁让大洋深层水潜入洋底的？ …………… (192)
322. 南极海区为什么是大洋底层水的诞生地之一？ …… (192)
323. 格陵兰附近海区为什么是大洋深层水在北半球的诞生地？ …………………………… (193)
324. 为什么大洋深层水不能在北太平洋产生？ …… (194)
325. 太平洋中的中层水为什么盐度高不起来？ …… (195)
326. 海冰对气候变化有影响吗？ ………………… (195)
327. 海水中的盐度变化为什么会影响气候和天气？ …… (196)
328. 在厄尔尼诺事件的研究中为什么不考虑盐度的变化？ ……………………………………… (197)
329. 火山爆发为什么会影响气候的变化？ ……… (197)
330. 哪类火山爆发对气候变化的影响大？ ……… (198)
331. 大气系统的温度为什么变化不大？ ………… (199)
332. 为什么二氧化碳被称为温室气体？ ………… (200)
333. 二氧化碳含量增倍对气候将有哪些影响？ … (200)
334. 海洋对大气中二氧化碳含量有无影响？ …… (201)
335. 海洋在气候变化中起哪些作用？ …………… (201)
336. 海洋对气候冷暖有什么影响？ ……………… (202)
337. 气候变暖对人类社会的影响大吗？ ………… (202)
338. 你相信绵羊打嗝可以使气候变暖吗？ ……… (203)
339. 气候变暖对人类是福还是祸？ ……………… (204)
340. 气候变暖是否都会使降水量增大？ ………… (205)
341. 气候变暖将使哪些区域的国家受益？ ……… (206)
342. 城市化程度的提高对气候变化有什么影响？ … (206)
343. 气候变暖对农业有什么影响？ ……………… (207)
344. 四川人喜欢吃辣与地区气候有关吗？ ……… (207)

345. 大气中的水分大约多长时间循环一次? …………(208)
346. 为什么赤道高温洋面上空降水量大? …………(208)
347. 热带东太平洋海面为什么比西太平洋
     海面低? ………………………………………(209)
348. 厄尔尼诺是一种什么现象? ……………………(209)
349. 厄尔尼诺会影响海平面变化吗? ………………(211)
350. 厄尔尼诺为什么会影响到生态系统? …………(212)
351. 厄尔尼诺对当地气候有什么影响? ……………(212)
352. 厄尔尼诺对世界其他国家的气候有影响吗? …(213)
353. 厄尔尼诺现象形成之谜是否已经解开? ………(213)
354. 厄尔尼诺可预报吗? ……………………………(214)
355. 厄尔尼诺怎样"遥控"全球气候的变化? ………(214)
356. 厄尔尼诺为什么对市场有很大的影响? ………(215)
357. 厄尔尼诺怎样影响台风? ………………………(215)
358. 厄尔尼诺为什么喜欢与科学家"开玩笑"? ……(216)
359. 厄尔尼诺的"配偶"是谁? ………………………(217)
360. 中国北方为什么频频发生沙尘暴? ……………(217)
361. 海温的变化为什么可以影响鸣鸟的生存? ……(218)
362. "南方涛动"是海洋中的波浪现象吗? …………(219)
363. "南方涛动"最先是由谁提出的? ………………(219)
364. 大气中的运动尺度是如何划分的? ……………(220)
365. 赤道海洋和大气中的行星尺度波动是谁最先
     研究的? ………………………………………(221)
366. 海气相互作用的概念最先是由谁提出的? ……(221)
367. "世界雨极"每年的降水量有多少? ……………(222)
368. "雨极"为什么出现在印度的陆地上? …………(223)

六、俯观海气轮回

369. 什么叫大气环流？ ……………………………… (225)
370. 是谁直接驱动大气运动的？ ………………………… (225)
371. 沃克环流是哪个方向的环流？ ……………………… (226)
372. 哈德莱环流是什么环流？ …………………………… (226)
373. 费雷尔环流是怎么流的？ …………………………… (227)
374. 赤道地区的气流都是上升的吗？ …………………… (227)
375. 为什么青藏高原与我国西北地区的大面积
     沙漠有关？ ……………………………………… (228)
376. 如果没有青藏高原，我国江南将会是什么景象？ … (229)
377. 为什么郑和7次下西洋有6次在冬季起航？ … (230)
378. 什么是季风？ …………………………………… (231)
379. 季风的形成为什么与海陆分布有关？ ……………… (231)
380. 季风的形成为什么与太阳辐射的季节
     变动有关？ ……………………………………… (232)
381. 东亚季风的形成为什么还与青藏高原有关？ … (232)
382. 南北两个半球的空气是怎样互相交换的？ ……… (233)
383. 什么是季风系统？ ……………………………… (233)
384. 夏季全球最强的低空越赤道气流为什么位于
     非洲东岸？ ……………………………………… (234)
385. 印度的"雨极"与索马里低空越赤道急流
     有什么关系？ …………………………………… (235)
386. 为什么冬季最强的低空越赤道气流在亚洲？ … (235)
387. 如果没有陆地，地球上的气候会有哪些
     显著改变？ ……………………………………… (236)

海洋气象

388. 如果没有青藏高原,地球上的气候有哪些
     显著改变? ································ (237)
389. 最大西风为什么位于日本上空? ············· (237)
390. 地球上的东风急流为什么出现在亚洲? ········ (238)
391. 南亚高压为什么是地球上最强大的天气系统? ····· (238)
392. 南海季风和印度季风是一回事吗? ············· (239)
393. 极涡对我国的天气是否有影响? ··············· (240)
394. 海底淤泥和珊瑚礁中为什么保存着气候变化的
     信息? ···································· (240)
395. 为什么冬季北极极涡会"偏心"? ··············· (241)
396. 为什么冬季西北太平洋上西北风特别多? ········ (242)
397. 为什么冬季东北太平洋上多西南风? ············ (243)
398. 为什么越南有明显的雨季和旱季? ·············· (243)
399. 海洋气象学有哪些特色? ···················· (244)
400. 志在海洋的青少年应当做哪些准备? ··········· (246)

编后记 ·· (247)
《海洋小百科全书》分类目录 ···················· (248)

海洋气象

走近海洋风暴

1. 海洋上的风暴有哪些名称？

风暴是大气中出现的强烈的天气现象。由于不同地区的风暴具有不同特点，因此，风暴需要采用不同名称进行区别。

发生在海洋上的风暴根据地理纬度可以分为热带风暴、中纬度风暴和极地风暴，还可以根据水平范围大小分为天气尺度风暴和中尺度风暴，根据不同的大洋分为台风、飓风和热带风暴。其中，中纬度风暴主要有海上爆发性气旋，极地风暴主要有极地低压。太平洋上的热带风暴根据风力大小可以分为台风、强热带风暴和热带风暴。中尺度的风暴主要有飑线、海上龙卷等。

风暴与海洋

2. 谁打败了忽必烈征伐日本的大军?

我国历史上的元朝,蒙古大军虽然曾征服了俄罗斯和欧洲。但是,所向披靡的蒙古大军几次征伐日本,却都遭到了惨败。你知道他们失败的主要原因是什么吗?

据历史记载,1274年11月,忽必烈派遣元帅忻都和副元帅洪茶丘带领2.5万人马,乘900余艘战船,从朝鲜出发东征日本,11月19日在日本九州佐贺博多湾及福冈强行登陆。不料,天有不测风云,蒙古大军夜间遇到来自亚洲大陆寒潮挟带的狂风暴雨的袭击,几百艘战船被海浪吞没,1万多名蒙古官兵葬身鱼腹。1275年夏天,蒙古大军又对日本进行远征。这次虽然他们避开了寒潮季节,但是却又遇到了更加可怕的海洋风暴——台风的袭击,致使15万大军仅生还3人。

因此,在历史上,从客观方面来说,忽必烈大军征伐日本的失败,主要原因是由于缺乏海洋气象知识,海洋风暴"偏向"了日本一边。

3. 飓风怎样帮助戚继光消灭倭寇?

戚继光是我国明朝著名的抗倭英雄。在抗击外来侵略的战斗中,还有一段天助戚继光消灭倭寇的故事呢。那是在1561年5月17日,戚继光接到报告,有2000名倭寇乘18艘战船在浙江温岭县以南登陆,戚继光立即调集水陆两军分三路进剿倭寇。这一仗,戚家军出奇兵焚毁了倭寇的战船,使倭寇一片混乱。面对戚继光的大军,倭寇惊恐万状,纷纷投海泅逃。哪知此时海上的飓风又断了倭寇的后路,海上波浪滔天,泅海的倭寇无一幸免,全部葬身鱼腹。少数没有下海、仍在海滩上负隅顽抗的敌人也全被歼灭。戚家军在天助飓风的气象条件下,打了一个漂亮的歼灭战。

4. 抗元名将张世杰最终败于谁手?

张世杰是南宋末年著名的抗元名将。当蒙古战车碾过中原大地,对南宋进行最后一战之时,张世杰是统帅宋军进行战斗的主要将领之一。

1279年2月6日,元朝的水军舰队分四路围攻南宋的海上堡垒厓山(今广东新会县南)。双方展开激烈的战斗,战斗持续至中午未分胜负。下午,元军虽突破南宋的堡垒,宋军仍顽强抵抗。不料,黄昏时天气骤变。海上大风呼啸,雷声隆隆,海雾茫茫。守卫的宋军疲惫不堪,在无力突围、外无救兵的情况下,宋将陆秀夫背着南宋帝昺投海,宋军崩溃。张世杰率10余舰只突围,誓与元军周旋到底。但不幸遇到飓风,船毁人亡,英雄魂归碧波,南宋王朝从此彻底灭亡。

5. 谁在日本人之后又重创了美国海军?

1941年12月7日,日本偷袭美国的海军基地珍珠港,击毁美军飞机260架,炸沉军舰8艘,毙伤美军4575人,使美国海军遭受了一次灭顶之灾。无独有偶,美国海军的第三舰队在1944年几乎又遭受一次灭顶之灾。这次袭击美国海军的是谁呢? 是太平洋上的台风。1944年12月17日至18日,美国海军第三舰队在菲律宾以东海域遭遇台风,风暴中心附近的风速超过每秒60米。3艘驱逐舰在狂风暴雨中沉没,146架飞机被毁,20多艘舰艇遭到严重破坏,死亡人数超过了800人。这可以说是美国海军在遭到日本人袭击的"人祸"之后,遭受到的最大的一次"天灾"。

海上风暴

6. 什么叫气旋?

气旋是发生在大气中的一种旋转运动。其实,大气中的旋转和涡旋运动是多种多样的。它们共同的特点是流动环绕着中心进行。秋天的田野上,常常出现小的旋风,篝火晚会上,空气中也会出现类似的涡旋将杂物卷得到处都是。大气科学中的气旋则是特定的一种天气系统,它的水平范围在几百千米到几千千米。在同一高度上,它的中心气压低于四周的气压。根据出现纬度的不同,气旋还可以分为温带气旋和热带气旋。

7. 什么叫台风?

提到台风,无论是渔民还是海上航运者都会闻之色变。因为即便是万吨巨轮遇到台风也是避之唯恐不及。这是为什么呢?因为在台风的巨大威力面前,人的力量显得太渺小了。

那么,台风就是风速非常大的风吗?严格地说,台风是热带气旋的一种。1989年以前,我国对热带气旋的划分标准是:

台风:最大风速17.2米/秒～32.6米/秒(风力8级～11级);

强台风:最大风速大于或等于32.7米/秒(风力在12级以上)。

从1989年开始,我国采用世界气象组织规定的统一标准:

热带风暴:风速17.2米/秒～24.4米/秒(风力8级～9级);

强热带风暴:风速24.5米/秒～32.6米/秒(风力10级～11级);

台风或飓风:风速大于或等于32.7米/秒(风力在12级以上)。

根据现在的定义,台风就是发生在太平洋上的风力在12级以上的热带气旋。它可是有具体风速界限的,你注意到了吗?

8. 谁提供生成台风的"种子"?

一棵参天大树的长成首先需要种子,当种子发芽成为树苗后,能否长成大树则取决于成长的环境是否有利。台风虽然是威力巨大的热带风暴,但它发展成为台风同样需要"种子"和有利于发展的环境。那么,台风的"种子"是什么呢?它就是赤道辐合带中气旋性质的涡旋。事实表明,大约有85％以上的台风生成于赤道辐合带中。因此,生成台风的"种子"主要由赤道辐合带提供,另外,部分热带东风中的波动也可以发展成为台风。

9. 气旋性涡旋为什么容易出现在赤道辐合带中?

赤道辐合带是南、北两个半球气流汇合的地带,它对应气压场上的赤道低压带。为什么气旋性涡旋容易出现在赤道辐合带中呢?这用一个简单的实验就可以说明了。在一条小木棍上边缠绕上一条线,并把小木棍原来的位置用弹簧固定,无论你向外拉哪一头的线,或者同时向外拉线的两端,当手松开时,木棍都会旋转起来。这就是在赤道辐合带气旋性涡旋较多的原因。观测结果发现,在高温洋面上的季风辐合带南、北两侧,气流的方向是相反的,当来自南半球一侧气流加强时(相当于实验中拉线的一端),则赤道辐合带内的热带气旋数量就会明显增加。

10. 为什么台风形成在热带高温洋面上?

当有了生成台风的"种子"以后,能否形成台风还取决于它成长的环境是否有利。有利于台风发展的环境条件是什么呢?这就是充足的水汽供应,并且这些水汽容易上升到高空凝结,释放出凝结潜热以提供台风发展的能量。在热带西太平洋的高温洋面上,赤道辐合带中的上升运动将海面附近的湿空气携带到高空凝结,高温洋面的加热使底层空气含有大量的水分,如果此时高温洋面离开赤道适当的距离(地球自身的旋转有利于台风的旋转运动),则台风快速发展的条件就满足了,因此,台风容易在热带高温洋面上形成和得到发展。

11. 台风是怎样在海上发展起来的?

台风是怎样从一个不起眼的热带涡旋发展成强大风暴的呢?简单地说,是台风自身的发展与热带积云对流运动的互相促进和不断循环使得台风不断发展壮大。

由于赤道辐合带内的热带低压等较大型的涡旋运动,可以将海面附近水汽含量高的空气抬升到高空使水汽凝结,释放出凝结潜热。释放的潜热热量加热了大气中层,使气温增高,密度减小,高层等压面开始上凸,因而气流从高层向四周辐散流出。高层气流的辐散又促使低层的气压下降,海面上低压中心附近气流辐合增强,使更多的水汽上升到高空,释放更多的潜热再加热高层大气,于是海面上气压进一步下降。这种不断循环促进的过程进行得很快,促使台风迅速发展起来。同样,在中高纬度海面上发生的"气象炸弹"——爆发性气旋的发展史也具有类似的过程。

12. 有袖珍型台风吗?

发生在热带洋面上的台风一般都具有大于1000千米的范围。如果台风的风力达到了台风的标准,但水平范围却只有几百千米,则相对来说这样的台风就是袖珍型的台风了,它也被称为"豆台风"。此种袖珍型的"豆台风"多数发生在我国的南海,它的水平范围只有200千米~300千米。由于袖珍型台风的生成源地离陆地很近,范围又小,在天气图上难以被及时察觉到,因此,这类袖珍型台风的预报要比一般台风的预报难度大得多。

13. 为什么袖珍型台风破坏力并不小?

按照通常的理解,台风破坏力的大小应当和台风的规模有关。但是,发生在南海海面上的"豆台风",其特点除了水平范围小以外,还有发展迅速的特点。由于这种台风的水平范围小,不容易被观测到,等到观测发现它时台风又常常已经临近陆地,来不及预报和预防,因此受它影响的地区容易遭到很大的破坏,使人民生命财产受到损失。

14. 台风为什么不能在陆地上生成?

从是否有台风的"种子"和是否有利于台风发展的环境条件两个因素进行考虑,陆地上的确存在形成台风的"种子",但却不具备台风发展的水汽条件。比如,在北半球盛夏期间,赤道辐合带确实可以到达北纬25度的陆地上,在赤道辐合带中照样存在着许多气旋性的涡旋。虽然陆地表面的温度远远高于热带高温洋面的温度,但由于陆地缺少大洋表面源源不断的水汽供应,台风得不到发展的能量,因此台风不可能在陆地上生成。

生成于热带洋面上的台风在移动的过程中可以登陆,并且可以深入到内陆很远的地区。但当断绝了与海上水汽的联系,台风就会迅速地消亡了。这就是台风可以在海面上逐渐形成、壮大,而一旦登陆,很快就减弱转变成低气压的原因。

15. 为什么我国和美国的东部沿海受热带风暴的影响多？

在台风多发季节，人们从电视天气预报节目就可以看到台风或飓风大多发生在大陆的东岸地区，如我国东部沿海地区和美国的东部沿海。为什么台风"喜欢"大陆的东部沿海呢？这主要有两个方面的原因：一个原因是赤道海区的信风，使海洋中的暖水集中在热带西太平洋和热带西大西洋，高温洋面有利于台风的形成和发展；另一个原因是支配台风移动的环境流场。由于台风形成于赤道辐合带内，赤道辐合带以北的天气系统是强大的副热带高压。台风形成后大约有70%以上的台风沿着副热带高压的边缘移动。因此，当副热带高压的位置偏西时，台风就向西移动；副热带高压脊的形状呈现西北—东南方向时，台风将向西北方向移动；副热带高压控制区包含陆地时，则台风将在副热带高压气流的引导下登陆，在沿海地区造成风暴潮和狂风暴雨等剧烈天气。

16. 北印度洋的热带风暴为什么具有特殊的"脾气"？

盛夏的北印度洋，在适当的条件下也会在暖海水之上的大气中形成热带风暴或飓风。但是，就像人有"左撇子"一样，印度洋上飓风的活动范围和路径与太平洋和大西洋上的风暴也大相径庭。它形成于印度洋的东部，一般也不影响西印度洋的大陆。这是什么原因呢？主要原因是：印度洋暖海水地理位置的分布与太平洋和大西洋有很大的差别，特别是北印度洋。由于印度洋的北部是地球上最大的高原，在高原的影响下，夏季北印度洋西岸出现地球上最强的、由南半球流向北半球的低空越过赤道气流。气流越过赤道后,在地球旋转作用的影响下逐渐转向成为西南季风,将北印度洋的暖水集中驱赶到印度洋的东部,与热带西太平洋共同组成一个异常广阔的"暖池"。由于暖水在东,因此印度洋上的热带风暴主要就形成于东部,在西南季风的引导下,经常袭击孟加拉国等地区,造成严重的气象灾害。

17. 什么是台风的危险象限?

风暴是大气中出现的强烈的天气现象。由于不同地区的风暴具有不同的特点,因此风暴需要采用不同的名称进行区别。发生在海洋上的风暴,根据地理纬度可以分为热带风暴、中纬度风暴和极地风暴;根据水平范围

台风引起的海浪

大小可分为天气尺度风暴和中尺度风暴;根据不同的大洋又可以分为台风、飓风和热带风暴。其中,中纬度风暴主要有海上爆发性气旋,极地风暴主要有极地低压。太平洋上的热带风暴(气旋)根据风力大小可以分为台风、

强热带风暴和热带风暴。中尺度的风暴主要有飑线、海上龙卷等。

南半球中高纬度存在"咆哮西风带"。德雷克海峡风大浪高,冰山漂浮,被称为"航海家的坟墓"。在沿海地区,冬季受冷锋后寒潮冷空气影响出现大风,夏季受台风影响的大风可与天文潮共同作用导致海面猛烈增水,出现风暴潮。

在南半球,如果海上航行的船舶要躲避海上风暴,船与风暴中心的相对位置有关。若是站到四周空旷的甲板上,使背部受风,以正前方为0度,在左边45度~90度的方向内就是台风中心所在的方位。在北半球,如果面正对着台风中心运动的方向,台风的危险区域是在台风移动路径方向的右边。这种现象为"危险半圆",右半圆的前半部危险性更大,专业上称为"危险象限"。

18. 哪个大洋中的风暴多?

如果将地球上每年发生的台风或飓风的数量加起来,那么,哪个大洋中的数量最多呢?哪个海区占的比例最大呢?对这个问题可以用暖水的面积来进行估计。由于热带太平洋暖水的面积最大,因此太平洋中产生的台风数量最多。其中,西北太平洋暖水的面积又是暖水面积相对最大的海区,因此西北太平洋台风数量是所有海区中最多的。实际情形如何呢?让我们看一下比例:假定地球上每年发生100个热带风暴,那么,发生在太平洋的有66个,其中西北太平洋上有36个,赤道东太平洋上有16个,澳大利亚东北部11个,澳大利亚西北部有3个。

发生在印度洋上的有23个,其中南印度洋10个,孟加拉湾10个,阿拉伯海3个。大西洋中数量最少,只有11个。

19. 北太平洋一年中哪个月份生成的台风数量最多?

台风是一种"喜暖怕冷"的天气系统,因此哪个月的海水温度高,高温海水的面积又大且位于较高的纬度上,哪个月生成的台风数量就多。在北太平洋,8月份高温海水的面积最大,而且,暖水离开赤道的距离也最远,因此,北太平洋一般在8月份出现的台风数量就最多。

20. 台风有"休眠期"吗?

在自然界中,许多生物都存在着"休眠"的特殊表现,以度过环境条件不利于自身的时期,如熊的冬眠。当外部环境不利于台风的发生和发展时,台风的数量也会大大减少,就如同生物的休眠。一般来说,台风的数量与以下因素有关:一是温暖海水的季节变化,二是赤道辐合带的位置,三是生成台风的"种子"数量。北半球冬季和春季,暖海水的主体位置偏南,因此北半球的台风数量非常少。当赤道辐合带的位置离赤道很近时,地球旋转对台风发展的作用减小,因此台风的数量也会减少。当赤道辐合带中的气旋性涡旋很少时,台风也就不容易发展了。

21. 南半球有台风吗?

当北半球进入白雪皑皑的冬季时,南半球正是气候炎热的夏季。当南半球的赤道辐合带位于高温洋面上空而且离开赤道适当的距离时,就会出现有利于台风发生和发展的条件。因此,北半球的隆冬季节正是南半球台风的多发季节。澳大利亚北部多是在这个季节受到台风的影响。需要注意的是,南半球台风的数量大大少于北半球的数量,特别是南大西洋,由于大洋地形的影响,暖水仍然主要集中在北半球,因此到目前为止还没有台风或飓风发生在南大西洋。

22. 为什么台风不能"访问"另一半球?

地球上两个半球的季节具有相反变化的特点,因此,在季节变化过程中,就会出现大洋中的暖水随着季节向另一半球移动的现象。这种移动在太平洋中表现得最为明显。那么,是不是随着暖水向另一半球的移动,形成于一个半球中的台风就可以跨越赤道移到另一半球去呢?事实上,这是绝对不可能的。

旋转风

由于地球自身的旋转,速度相同的运动物体受到地球旋转作用所产生的力将随着纬度的增大而增大。对于台风来说,中心以南受到的力将小于中心以北受到的力。南北所受力的综合效果使台风受到一个总是向高纬度牵拉的力,这就是台风的"内力",即台风因为自身南北方向具有几千千米距离,在地球旋转作用下产生的力。如果不考虑其他因素,台风的内力总是使台风向高纬度移动。因此,从来没有发生过越过赤道到另一半球的台风。

23. 台风为什么喜欢绕着副热带高压移动?

"人往高处走,水往低处流",表现了社会和自然界事物的某些运动特征。西北太平洋上的台风喜欢向西或北方向移动的特点也说明了这样一种特征。在台风移动的过程中,对台风移动影响最大的因素主要是环境风场对台风的"引导",再加上台风内力的作用。在西北太平洋对台风影响最大的天气系统是副热带高压,确切地说是海上副热带高压向西伸展的脊。类比一下人与山脊的关系可能有助于理解台风的运动。当山脊高不可攀时,如果要想到山脊的另一面就只能绕着行走。对台风而言,内力的作用使它始终存在向高纬度移动的趋势,由于副热带高压的阻挡,台风也只好紧贴着副高外围,随着副热带高压外围气流的引导而移动了。

24. 西北太平洋台风移动的路径有几条?

路,是人走出来的。鲁迅先生说,世上原本没有路,走的人多了,于是就形成了路。对于台风路径来说,是不是经过的台风多了,就形成了台风路径呢?从严格的意义上来讲,台风的移动路线是没有完全重合的。但如果从台风移动的方向和移动路线的形状划分台风移动的类型,并把这些具有相似特点的类型叫作台风路径的话,台风还是有三条基本路径的。一条是西移路径,台风从菲律宾以东一直向偏西方向移动,经南海在华南沿海、海南岛或越南一带登陆。另一条是西北移路径,台风从菲律宾以东向西北偏西方向移动,在我国台湾、福建一带登陆,或者台风从菲律宾以东向西北方向移动穿过琉球群岛,在浙江一带登陆。还有一条是转向路径,台风从菲律宾以东向西北方向移动,到达我国东部沿海或在我国东部沿海登陆,然后转向东北方向移去。

25. 怎样判断台风要"走"哪条"路"?

判断台风移动的方向是预报台风天气需要考虑的重要问题。那么,怎样判断台风移动的方向呢?人们只要根据台风喜欢服从于副热带高压的"指挥"就基本够了。如果副热带高压是东西范围大、南北范围小的形状,而台风正处于副热带高压的南部,则基本可以判定是西行路径;如果副热带高压强大而又稳定,它的脊线深入内陆,基本可以判定是西北登陆的路径;如果副热带高压的形状近于方形或圆形,则转向型的可能性最大。若要进行进一步的预报,还需要判断副热带高压的变化,这需要专业人员进行了。

26. 台风移动路径与季节有什么关系?

"人有悲欢离合,月有阴晴圆缺,此事古难全。"台风移动的路径受季节变化的影响很大。一般来说,夏季多为西北移路径,其他季节多为西移路径和转向路径。西移路径的位置随季节的变化很大,1—4月是在北纬10度以南,5—6月多在10度~15度之间,7—8月在15度~25度之间,9—10月南移到15度~20度之间,11—12月多在10度~15度之间。转向台风转向点经纬度的变化也具有季节变化的规律:自冬向夏,转向点的纬度逐渐增加,在盛夏达到最北的位置;自夏向冬,转向点逐渐移向低纬度。转向点的经度变化是,5—10月向东移,11—12月向西移。

27. 台风移动为什么有时快有时慢?

台风在移动过程中,它的移动速度不是一成不变的。最快的可达每小时80千米,慢的也可停滞不动,有的甚至可向南移动。是什么原因呢?主要是由于环境流场的影响。当引导气流强盛时,台风的移动速度就快,当引导气流很弱时台风移动便会很慢。当台风转向或快速发展时,移动速度较慢或停滞。台风转向后移速加快,因为台风转向后进入西风带,西风的风速要比东风风速大得多。

28. 我国内陆省份受台风影响吗?

有些内陆省份虽然离海洋的距离比较远,但仍然可以受到台风的影响。比如,我国的河南省并不靠近海洋,然而,1975年8月7日,受台风影响,河南林庄出现24小

时降1060毫米的降水量。江西、安徽等内陆省份同样也可以受到台风的影响。那么,台风是怎样影响内陆省份

降水的呢？一是台风本身是一个低压系统,台风中的上升运动很强;二是台风移到内陆后,与台风关联的赤道辐合带等低压系统也会一起北上,它南侧的流场可以从海上向台风中心所在地区提供大量的水汽。

29. 我国哪些内陆省(区)会受到台风的影响？

除了西部的几个省(区)以外,全国五分之四的省(区)都可能受到台风的影响。受登陆台风影响最多的内陆省是江西省,平均每年都有一个以上的台风入境。其次是湖南省和安徽省。而黑龙江、吉林、内蒙古、山西、陕西、河南、湖北、云南、贵州、西藏等内陆省(区)也都可能受到不同程度的影响。

30. 我国哪些省份受台风影响最多？

在回答这个问题之前,大家是否应该先想一想,什么样的省份台风最容易光顾呢？远离海洋的省份？如山西虽然也受台风的影响,显然不可能是最多的,因为台风在海洋上生成。纬度高的省份？如辽宁也受到台风的影响,但也不是最多的,因为台风生成于热带高温洋面上。是地理纬度低但海岸线短的省份？如广西,显然也不是最多的省份。换个角度考虑,我想你会马上得出答案:我国受台风影响最多的省份是台湾、海南和广东！对了。这是因为台湾、海南和广东地理纬度低,海岸线长,所以受台风影响的机会就大于其他省份了。

31. 为什么日本容易受台风的影响？

日本是一个四面环海的岛国。受来自热带的暖流黑潮的影响，冬季日本东南沿海的温度要高于我国相同纬度地区的温度。但暖流的影响也为台风的来访创造了有利条件。由于台风生成于热带高温洋面上，在向高纬度移动的过程中，相同大气环流条件下台风的移动还存在一种"趋暖"效应。即台风有向相对高温海区移动的趋势。由于黑潮暖流区具有相对高的水温，有利于台风的发展，因此，当有台风北上而且副热带高压位置偏东时，台风就很容易"顺访"日本了。

32. 会不会提前知道当年台风发生的数量？

台风每年发生的数目差别很大。对西北太平洋来说，最多的年份可达40个，最少的年份只有20个。怎么提前预测台风在一年中发生数目的多少呢？告诉你一个方法：发生厄尔尼诺事件的年份西北太平洋上的台风数相对少，而发生拉尼娜事件的年份就相对多。根据是什么呢？因为厄尔尼诺年时西太平洋的暖水东移，不利于台风的发展；而拉尼娜年西北太平洋的暖水量相对增多，有利于台风的发展。

33. 为什么有的年份登陆台风特别多？

台风登陆造成的危害要比在海上大得多。我国的大部分经济发达地区都位于东部沿海地区，因此台风登陆造成的经济损失就会更大。每年在我国登陆的台风平均有7个，最多的年份达11个，最少的年份也有3个。那么为什么有的年份登陆台风的数量特别多呢？

我们已经知道，台风的移动基本上是沿着副热带高压的外围气流进行。在台风季节，如果副热带高压的位置偏西,控制着我国的东部沿海地区,则台风在它的东南气流的引导下容易登陆引起灾害。

34. 预报台风为什么要考虑冷空气的活动?

台风的移动受副热带高压(简称副高)的控制,因此台风路径预报的成功与否取决于对副高的预报。那么副高位置和强度的变化应当从哪些因素来考虑呢?由于副高是副热带海洋上的暖空气团,因此它的变化除了受热带海洋温度的影响外,还受到来自高纬度冷空气的影响。当有较强的冷空气影响副高时,副高常常会东退,有利于台风的转向;当冷空气后边的暖高压脊接近副高时,又有利于副高的西进,台风就容易登陆。

35. 台风的能量有多大?

台风是热带海洋上的强烈风暴,破坏力巨大。那么,它的能量到底有多大呢?让我们把原子弹的能量和它相比吧!根据计算,一个成熟的台风在一天之内所下的雨约200亿吨,这些雨水都是由水汽凝结而成的。200亿吨水汽凝结后释放的热能相当于50万颗1945年在日本广岛爆炸原子弹的能量。如果将其中3‰的热能转换为电能,则相当于35万个新安江水力发电厂的发电量。一般情况下,台风的生命期平均为5天~7天,西北太平洋每年发生台风的数量最少为20个,大家可以自己动手算出一个台风的总能量和每年西北太平洋上台风的总能量有多少。

36. 台风的巨大威力是从哪里来的?

台风是以狂风、暴雨、巨浪和台风暴潮的形式,显示着自己的威力。大家知道,原子弹够厉害了吧!可是,一个较强的台风在几天的生命过程中释放的总能量,可以和上万颗乃至几十万颗原子弹的能量相比。这样巨大的能量是从哪里来的呢?

台风是由于水汽凝结释放潜热发展起来的。因此,大面积温度高的热带洋面就是台风发展的重要条件之一。那海水中的热量又是从哪里来的呢?是吸收了太阳辐射的能量。因此,说到底台风的能量是从热带海洋大面积"搜刮"、积累而来的,最根本的来源是太阳。

37. 为什么有的时期台风喜欢"结队"而来?

在台风季节常常可以观测到这样的现象:有的时期台风生成的数量非常少,但有的时期却接连不断有台风生成,有时甚至出现几个台风并存的现象。科学家把这个现象称为台风的"群集性"。为什么台风不能相对均匀地生成,而喜欢"扎堆"凑热闹呢?原来,台风的这种现象与赤道辐合带中的台风"种子"有关。当赤道辐合带中的气旋性涡旋增多时,生成的台风数量就多;当涡旋减少时,台风的数量就少,甚至没有。

38. 赤道辐合带中的台风"种子"数量由谁控制?

台风的群集性质可以提高台风预报的精度,只要预报出赤道辐合带中气旋性涡旋数量的变化就可以提前较长的时间作出数量的估计了。但台风"种子"的数量受什么因素影响呢?

1972年,美国人莫顿和朱廉经研究发现,在热带太平洋海岛观测到的风速具有30天~50天的变化周期,这就是后来气象学家们都非常熟悉的季节内振荡。当受季节内振荡的波峰影响时,赤道辐合带中的涡旋数量会大幅度增长;当受季节内振荡的波谷影响时,涡旋数量就会很少。因此,台风的群集性是季节内振荡影响的结果。

39. 台风结队来时为什么喜欢"我行我素"?

台风虽然喜欢"集体亮相",但相继而来的台风不但不喜欢沿着先前台风的"旧路"移动,而且还有避开的倾向。那么,台风为什么喜欢"走自己的路"呢?

事情是这样的,高温洋面是台风发展的重要因素。受猛烈的狂风和强烈降水的影响,在先期台风经过的洋面上水温下降很多。接踵而来的另一个台风自然会避开先前台风"制造"的冷水带,而寻找对自己有利的路线。

40. 会有两个台风同时影响我国吗?

由于台风的群集性,当前一个台风还没有"退出历史舞台"时，接踵而来的另一个台风就迫不及待地要挤上前来，这是非常可能发生的事。由于我国幅员广阔，台风又不喜欢"走"别的台风的"老路"，当一个台风影响我国华南地区时，另一个台风可能就会"袭击"江浙等东南沿海了。

41. 两个同时存在的台风互相之间有影响吗？

自然界中的许多事物都是"同性相斥、异性相吸"的。当两个性质相同的台风同时存在时，它们是"相斥"还是"相吸"呢？

海洋气象观测发现，两个同时存在的台风，它们或者相互吸引，或者相互排斥，或者相互缠绕着而旋转，这取决于两个台风之间的距离。当两个台风之间的距离在7个～15个纬距(1个纬距等于112.5千米)之间时，两者将绕着它们之间联线上的"质量中心"相互旋转；当两者距离小于6个纬距时，两个台风可能相互吸引而合并。两个台风互相影响的现象最早是由日本人藤原发现的，所以这种现象也被称为"藤原效应"。

42. 台风中哪个部位的风速最大？

台风在水平方向根据风速的大小可分为三个区域：眼区、云墙区、大风区。不过，不要想当然地认为大风区的风速就最大。台风风速最大的区域可是在台风的云墙或眼壁区。这个区的宽度平均为10千米～20千米，台风中最强烈的对流、降水都出现在这个区域。最大风速的位置一般都是出现在台风前进方向的右前方。

43. 台风中心的风速大吗？

不知大家是否注意过"灯下黑"的现象。武侠小说中的人物在躲避敌方的追杀时,常常躲在敌方的势力中心。光明与黑暗相伴,危险与安全共处。台风风速最大的地带是靠近台风眼的云墙区,但在狂风暴雨中心的台风眼区,却一派平和的景象。因此,台风中心的风速不但不大,有时甚至无风。但台风眼经过时,千万不要被暂时的平静所迷惑,因为眼区的范围非常有限,只有几十千米,眼区过后,马上就是狂风暴雨肆虐了。

44. 台风中心的天气恶劣吗?

台风常常带来巨大的降水,尤其中心附近的云墙区中,积雨云要高达几十千米,在云墙区中通常都是天昏地

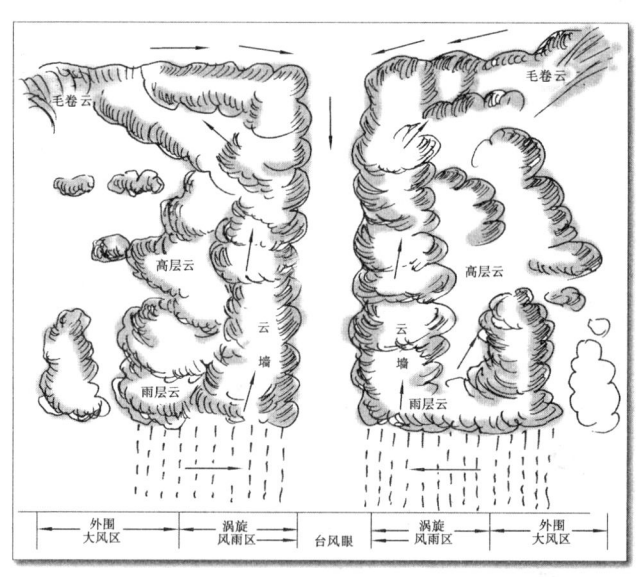

台风的结构

暗,大雨滂沱。但台风眼区却不但没有雨,连一丝云也没有。为什么呢?原来,台风眼区的空气都是从高空下沉

来的干空气,水汽含量很小,所以就不会有云了。

45. 台风中心经过的地区海面升高还是降低?

台风中心眼区虽然风和日丽,但海平面气压却非常低。由于中心以外的气压高,施加在中心以外海面上的压强远远大于眼区海面的压强。这样一来,眼区下方的海面就像发好的面团被周围积压得向上凸起,静止状态下凸起的高度要达 1 米左右。当台风移动时,由于海面向上凸起,眼区常常与巨浪相伴随。

46. 台风风场的旋转轴是垂直于地球表面吗?

如果我们把台风想象成一个旋转的陀螺,那么这个陀螺在旋转中会不会倾斜呢?根据台风的结构,我们可以判断它不会出现倾斜。那么,有什么根据呢?大家在夏天观看台风预报时,只要留心看一下台风的云图就会知道。台风云图是人造地球卫星从垂直于地球表面的外部太空拍摄的。如果台风是倾斜的,从太空拍摄到的云图上就不会存在清晰的台风眼。台风眼区是那样小,如果稍有倾斜,倾斜的云墙就会把眼区遮盖住了。

47. 台风为什么会有"温暖"之心?

台风中温度的分布具有一个非常明显的特征,就是高层台风中心区附近的气温明显比周围的气温高出十几度。台风为什么会有这样一个"温暖"的心呢?这与台风的发展原理有密切的关系。当台风从热带低压开始发展时,低压中心附近的上升气流将海面饱含水汽的空气抬升到高空,水汽凝结释放潜热加热周围的空气;被加热的大气使低压中心的气压更低,于是有更多的水汽被抬升到空中,释放出更多的热量加热大气。这种过程的不断进行,使台风中心高空的温度不断升高。因此,台风的暖心结构主要是由水汽凝结潜热释放造成的。

48. 台风造成的损失有多少?

台风的破坏性能量可以使受影响地区的生命和财产遭受巨大的损失。那么台风造成的损失可以达到多大呢?根据历史记载,全世界造成死亡人数10万人以上的台风超过7次,死亡人数超过5000人的至少有20次。1989年至1994年我国每年因台风影响,直接经济损失在184亿元以上。以下的例子可以更具体地说明:1954年9月,袭击日本的台风造成死亡和失踪人数1761人,毁坏房屋3万栋;1959年9月26日,日本遭到台风袭击,约6000栋房屋被摧毁,4464人死亡,2000人失踪,32285人受伤,40万人无家可归;1988年在浙江象山登陆的台风使25.8万公顷的农作物受灾,沉损船只1486条,164人死亡,1664人受伤,1000多家工厂停工停产。

49. 台风对人类生活有哪些"功劳"?

提起台风,大家首先想到的是它的狂风暴雨和狂涛巨浪。如果说台风对人类社会的发展还起到了很大的作用,可能有些同学不能马上接受。其实,从辩证的观点看问题,任何事物都存在有利和不利的方面。台风对人类社会发展的巨大功劳之一是提供了大量的降水。焦渴的土地,因台风带来的暴雨而重新显得生机勃勃。例如,1997年青岛地区旱情严重,全年的降水量还不到正常年份的一半,为城市供水的水库面临干枯,而仅一个台风登陆带来的一场暴雨就把水库灌得满满的。2000年,12号台风在山东造成的降水约92亿立方米,其中水利工程增加蓄水量3亿立方米,使遭受干旱之苦的山东大地立刻得到了缓解。当盛夏华北进入雨季,为南方作物提供雨露滋润的天气系统常常就有台风的身影。凡是台风活动频繁的沿海地区,大都是人类文明发展进步的地方和地球上的"粮仓"。另外,台风可以把热带海洋中的巨大能量输运到陆地和中、高纬度地区,对地球大气的能量平衡起着循环调节作用。

50. 为什么台风通常不会在赤道上生成？

既然高水温是台风形成的重要因素,赤道海水的温度又是地球上海水温度最高的地区,那为什么台风对赤道海区却"敬而远之"呢？实际上,很少有台风生成于赤道附近,或移动到赤道附近。原因在什么地方呢？原来,台风的生成除了需要充足的水汽供应以外,地球自转(绕南北极地轴)对台风生成的影响也是至关重要的。我们知道,台风风场的主要特点是绕中心的涡旋运动,而在赤道地区,由于地球自转的作用非常微弱,不能在水平方向上使运动产生涡旋,因此通常台风很难在赤道附近生成。至于台风避开赤道的原因除了该海区不利于台风的涡旋流场外,台风内力的方向指向高纬度也是另一个原因。但全球气候变暖的趋势也出现了异常的台风,2003年一个台风就袭击了位于北纬1.5度的新加坡。

51. 西北太平洋的台风起源地在哪些海区？

台风的起源地是指台风及其初始扰动发生的地区。

对我国及东亚地区影响很大的西北太平洋台风的起源地不止一处。这些海区是:关岛附近洋面、菲律宾附近洋面、南海中北部海面以及东海和琉球群岛附近海面。这

些海区共同的特点是海水温度相对较高(26.5℃以上),距离赤道比较远(500千米以上)。其中,由于关岛附近洋面辽阔,大气具有高温、高湿的特点,并且赤道辐合带活动频繁,因此该海区不仅台风发生频繁,而且强台风也主要来自该海区。

52. 袭击澳大利亚的台风是顺时针旋转还是逆时针旋转?

在北半球,台风是以逆时针的方向旋转的,即在台风中心的北侧吹东风,台风中心的南侧吹西风。但是,袭击澳大利亚台风旋转的方向却与此相反,是顺时针方向旋转的。为什么会出现这种情形呢?原来,在不同的半球上,地球旋转造成的涡旋方向是不一致的。从北极高空看到是逆时针的地球旋转,在南极高空观察却是顺时针

旋转的。如果有的同学不相信,你可以让地球仪旋转,然后从南、北两极的方向进行观察,就可以作出验证了。

53. 台风对澳大利亚的北部影响大还是对南部影响大?

对于我们居住在北半球的人来说,北方是寒冷的,而南方是温暖的。生成于暖洋面上的台风因来自于南方,因此南方地区受台风的影响远大于北方地区。由于澳大利亚位于南半球,高温、高湿的热带地区位于她的北部,因此,影响澳大利亚的台风都是从北向南影响这片陆地的。同样的道理,澳大利亚的北部地区受台风的影响也远远大于南部地区。

54. 为什么非洲受台风的影响不多?

非洲大陆曾经是人类文明的发祥地之一。从电视节目中,我们更多的是领略她那原始荒野的热带风光和"动物世界"节目中的动物。但非洲受台风的影响并不多,这是非洲周围大洋上的台风"种子"少的原因吗?不是。根据卫星观测,许多热带扰动常常就起源于非洲,如对台风群集性有很大影响的热带季节内振荡。非洲大陆受台风影响少的原因是海水温度普遍较低。在北半球的夏季,因底层海水的上翻使北印度洋西侧海水的温度很低,不利于台风的发展,东大西洋的海水温度因信风向西的吹刮也非常低;南半球夏季的大西洋上没有台风生成,只有在南部非洲东部沿海能受到南印度洋台风的影响,但这也要比太平洋上的台风影响小得多。

55. 台风为什么很少到夏威夷"观光"?

副热带太平洋上的夏威夷群岛风光旖旎,气候温暖,但受台风的影响却很少。保护夏威夷群岛不受台风侵袭的主要原因不是别的,而是副热带高压的中心通常就位于夏威夷群岛附近。我们知道,台风是热带海洋上空中心气压非常低的系统,它所控制的范围要远远小于副热带高压控制的范围,受副热带高压外围气流的操纵,台风在副热带高压以南向西运动。由于副热带高压的"特殊保护",台风很少登陆夏威夷,难得"欣赏"那里的美丽风光。

56. 为什么台风有时会打转或"蛇行"?

台风的路径除了正常的西向、西北向移动和抛物线形转向外,还经常表现它那"不循常规"、行动怪异的一面。打转和"蛇行"就是一种疑难路径。台风在移动中既会顺时针打转,也会逆时针打转。台风逆时针打转的原因主要由双台风的相互引导造成,而顺时针的打转一般发生在环境流场比较弱的情况下。当气压分布均匀、环境风很小的情况下,台风的移动容易出现摆动,呈现"蛇行"的特征。

57. 台风"参观"某些国家后还会回到海上去吗?

台风是热带海洋上产生的风暴,当它离开了"生"、"养"它的海洋登上陆地后,由于水汽的供应不再充足,再加上陆地起伏的地形摩擦更消耗了它的许多能量,登陆的台风就随着离开海洋时间的延长而逐渐衰弱。当台风的风力不再强劲时,就变成为温带气旋。如果台风登陆的纬度比较低,在消亡以前又在大范围风场的引导下重新回到暖洋面上继续发展,则台风将会"再生"。因此,台风登陆后又返回海洋的条件主要有两个:一是登陆的时间不能太长,二是风场环境有利于台风重新回到海上。

58. 台风比较"喜欢"哪些国家?

就像每个人都有自己的习惯和爱好一样,台风对登陆的国家也有选择。总体而言,台风喜欢登陆的国家是那些靠近移动路径的国家,是那些离赤道比较远、但具有大范围温暖海水的沿海国家,是那些受副热带高压外围流场控制的国家,是海岸线比较长的国家。符合上述条件的国家有日本、中国、美国、菲律宾、孟加拉国、墨西哥、越南等,这些国家受台风的影响要比其他国家大得多。

59. 为什么跟在轮船屁股后面的台风威胁性大?

台风在移动过程中,有一个对航海特别危险的区域,

台风与航海

那就是位于台风移动方向的右前方。如果有哪一条不幸的轮船陷入这个区域,强烈的风暴将使轮船遭受灭顶之灾。因此,当一艘轮船的航线刚好是台风将要经过的路

线,即台风尾随着轮船进行移动时,对轮船来说好像头顶高悬着"达摩克利斯剑"一样可怕。

中国海洋大学的"东方红"号科学考察船(已退役,现在的考察船为"东方红2"号)在20世纪80年代曾经历过这种险境。当时"东方红"号正在驶向日本访问的途中,在航线的后方,一个生成于热带海洋上的台风紧随而来。一旦船的发动机出现故障,则后果难以设想。直到调查船开足马力驶入日本的港口后,台风才从日本近海移过,"东方红"号也最终完全脱险。

60. 什么叫龙卷风?

龙卷自天而降

龙卷风或龙卷是发生在大气中的一种强烈的涡旋。它的水平范围很小,直径只有几米到几百米,寿命一般为几分钟到几十分钟。它是伴随强烈对流云出现的一种天气现象,总有一个如同"象鼻子"一样的漏斗云柱从对流云底呈圆锥形或绳索状盘旋而下。美国人在过去称它为"托纳蛇",这缘于它酷似从天而降的巨蟒;而我们的祖先在它的名字中加一"龙"字,是因为它与神话中腾云驾雾的蛟龙很相像。当云柱不着地时叫"漏斗云",云柱下垂到陆地的叫"陆龙卷",云柱下垂到海面或水面的叫"水龙卷"。

61. 龙卷风和台风有什么相似的地方?

龙卷风和台风都是发生在地球上的强风暴。尽管它们有很多的差别,但它们的结构很相似。首先,它们都是大气中与强对流运动相伴随的猛烈的大气涡旋系统,中心气压都非常低;其次,它们都有一只无云的"眼"位于中心位置,在眼区内存在下沉运动;第三,它们的最大风速都位于眼区附近。

62. 龙卷风和台风有什么不同?

龙卷风和台风有很大的差别。在空间范围上,台风的直径可达数千千米,而龙卷风的直径不过几百米。两

龙卷风

者的生命期也有很大的差距:台风一般为一周左右,而龙卷风只存在几十分钟。两者的形状也有比较大的差异:台风的高度与龙卷的高度都是十几千米,但是,台风显得

"矮胖臃肿",而龙卷风却"婀娜苗条"。台风只能生成于热带海洋上,而龙卷风既可在海上显形,亦可在陆地上扬威。最强台风的中心气压是780百帕,而龙卷风的中心气压可以低达200百帕。另外,人类经过许多年的观测和研究,对台风已经有了相当的了解,可以在某种程度上对台风天气进行较为准确地预报;而龙卷风由于常常"神龙见首不见尾",人类对它的了解相当有限,对它预报的困难更大。

63. 龙卷风有多大的威力?

龙卷风的巨大破坏力

在武侠小说中,有"飞花摘叶"可以伤人夺命的描写。这种神奇武功如果与龙卷风相比,真可谓"萤火之对日月"了。1896年,美国圣路易斯的龙卷风夹带的松木棍竟把1厘米厚的钢板击穿。1919年美国明尼苏达州的龙卷风使一根细草茎刺穿了一块厚木板,一片三叶草的叶子像楔子一样,被深深地嵌入泥墙之中。另外,龙卷风的神力非常惊人,1956年9月24日,袭击上海浦东的龙卷风将江边一个重22万千克、四层楼高的油桶举到半空,扔到120米以外的地方。1974年4月,一个特大龙卷风在扫过美国的弗利明湖时,从钢筋混凝土的桥墩上"抓起"铁路桥折成四截,扔到120米以外的湖里。被折断的铁路桥每一截都有115吨重!

64. 龙卷风可以使人远距离飞翔吗?

龙卷风的威力是如此强大,世间许多悲欢离合的传奇故事在龙卷风的参与下竟变成了现实。1987年11月25日,湖南省祁阳县黄泥塘镇建新村19岁的农民董春石在湘江边被龙卷风刮得不知去向。他的父母和全村100多人连续寻找了4天都没有他的线索。而11月30日,从离黄泥塘镇直线距离130千米的郴州地区招待所打来电话,人们才知道了他的下落:原来,11月25日他从天而降,坠落到郴州地区招待所,人们把他送进医院抢救过来后才知道他来自何处。从他被卷上天空开始计算,他是以每小时110千米的速度在空中飘荡了一个小时左右。另外,据我国元朝郝经《陵川集》的记载,古代也有"风吹女子至六千里(3000千米)"生还的事情发生。

65. 你知道世界上发生过哪些五花八门的"怪雨"吗?

自然界存在许多匪夷所思的现象。形形色色的"怪雨"来历就常常使人困惑不解。根据确切的记录,不同颜色的雨有黄雨、蓝雨、黑雨、绿雨、血雨,如每年5、6月间在我国的大、小兴安岭就常会出现奇怪的黄雨,1979年湖南省长沙县等地下的黑雨,1945年江苏沭阳县下的血雨等等。不同降落物形成的"雨",如公元55年(东汉建武年间)河南开封一带的"谷雨"、1940年西班牙海岸附近下的"麦雨"、1940年前苏联高尔基省下的"古钱币雨"、1949年新西兰沿海地区下的"鱼雨"、1960年法国土伦下的"青蛙雨"、1990年我国洞庭湖南县下的"鸭子雨"等等。如果根据上面的现象,"天上掉元宝"、"天上下面包"还真有可能呢。

形形色色的"怪雨"

66. "怪雨"是怎么产生的?

许多"怪雨"常常都是龙卷风的杰作。所谓的"麦雨",它是由北非摩洛哥天空乌云中向地面伸出的"象鼻"旋转云柱把一个巨大粮仓摧毁,卷起大量小麦"出口"到直布罗陀海峡的另一侧;"钱币雨",是埋藏在地底下的古银币因暴雨冲刷掉覆盖土层后,紧随而来的龙卷风将钱币卷到天空又撒落所形成;"鱼雨"、"青蛙雨"、"鸭雨"事后都被证明是龙卷风将别处水中的鱼、青蛙和陆地上正在被牧放的鸭子卷入空中,在另外的地方降落下来形成的。至于带颜色的雨,则是龙卷风把其他地区带有颜色的物品卷入空中,在发现"色"雨的地方降落形成的。例如,"黄雨"是被松针花粉染色所形成,"血雨"是红土被卷入天空后混合雨滴降落形成的,"黑雨"则可能是煤粉或工业污染物混合雨水降落的结果。

67. 龙卷风的"脾气"为什么粗暴?

龙卷风所到之处,吼声如雷,犹如飞机机群在低空掠过。不少科学家认为,龙卷风中的爆炸声可能是由于涡旋中某些部分的风速超过了声音的速度(每秒340米),产生小振幅的冲击波造成的。其他的声音可能是由于旋转的风和陷入龙卷风中心各种物体的撞击产生的。至于龙卷风内的最大风速有多大,到现在还没有确切的测量结果,因为任何风速计都经受不住它的吹刮。

68. 龙卷风会"牵连无辜"吗?

龙卷风具有巨大的威力,但对影响范围以外的物品却表现出惊人的"秋毫无犯",不"牵连无辜"。1950年,美国的一对年轻夫妇正在午休。"轰隆"一声巨响使他们从床上跃起。他们住的房间只剩下半截断墙,庭院中的房屋、树木和家畜都无影无踪,但他们的旁边还有一把椅子,椅子上的衣服仍好好地摆在上边!美国的一个车夫坐在行驶的大车上打瞌睡,一声巨响把他惊醒,发现拉车的两匹马和一根车辕不见了,而他还好好地坐在车上。美国的一个正在挤牛奶的妇女听到"轰隆"一声,奶牛连同牛棚都不见了,她仍呆坐在凳子上。我国洞庭湖边发生的龙卷风把一栋两层楼房的水泥预制板房顶破成碎片扔出几百米远,但离该楼房只有6米远的柴草竟"毫发未动"。在北美,最极端的情况曾出现在龙卷风过后,鸡身上的羽毛一侧被拔得精光,而另一侧却"一毛不拔"、完好无损的惊人现象。

69. 龙卷风是怎样做到不"牵连无辜"的?

同学们一定要问,龙卷风是怎样做到不"牵连无辜"的?这与龙卷风的水平风速分布特点和龙卷风的垂直结构有极大的关系。龙卷风中心(直径2000米左右)的风速很小,但中心以外,风速急剧增大,在龙卷风的外围,风速又急剧减小,影响区和非影响区的界限非常明显。在垂直方向上,龙卷风呈下细上粗的漏斗状作旋转运动,上层的范围一般大于下层的范围。由于龙卷风具有上述结构特点,因此,在龙卷风的外围边缘,相对高处的屋顶可以被吹得无影无踪,而离地面近的物体却可能安然无恙。

70. 龙卷风的"吸水、吸物"现象是怎么形成的?

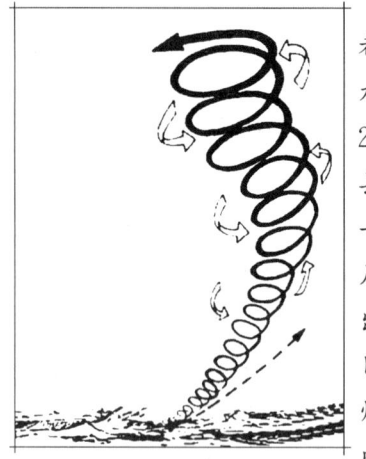

许多观测和目击记录都表明,龙卷风是遇水吸水,遇物吸物。1970年5月27日,一龙卷风途经湖南澧县时,在澧水的江心卷起了一个30米高、水平面积有几十平方米的水柱,澧水露出了河底。1879年5月30日下午4时,从美国堪萨斯州上空可怕的乌云下端形成了一个涡旋,像从天而降的巨蟒一样迅速向下伸长,在触及地面之处,房屋、人畜和树木都被吸得精光。那么,龙卷风的巨大吸力是如何形成的?就是因为龙卷风中心的低气压。原来,龙卷风中心的气压数值可以低到 400 百帕,甚至 200 百帕,而龙卷风外的大气压是 1000 百帕左右。龙卷风内外巨大的压力差使龙卷风变成一个特殊的"吸泵",当水被卷进去时就会形成高大的水柱,当沙石、草木等物体被卷进去就会形成高大的尘柱。

71. 位于龙卷风的中心是幸运还是危险?

如果一个人刚好位于龙卷风中心的地面上,他会被卷到天上去吗?可能有的同学根据龙卷风内外气压差的悬殊,判断位于中心的物体更容易被卷上去,所以此人面临极大的危险。但有时在龙卷风中心范围内的东西却神奇地丝毫无损,所以对于同是受龙卷风影响,但刚好位于龙卷风中心的人来说可能就是幸运的。为什么龙卷风的中心反而安全呢?这是因为龙卷风中心的水平气流很弱,而垂直方向存在着下沉运动。从理论上说,如果一个在龙卷风中心的人,以与龙卷风相同的方向和速度移动,则他是不会受到龙卷风伤害的。

72. 建筑物是被龙卷风"刮"散的吗?

许多建筑物受龙卷风的影响后,常常"粉身碎骨",碎裂的建筑材料漫天飞舞。那么,这些建筑物是被风刮散的吗?实际上不完全是。而是急速到来的龙卷风导致室外的大气压强迅速下降,而室内的大气压强仍相对很高使建筑物"自爆"的。假定房子内的气压是标准大气压,即每平方厘米的墙壁承受 1.0336 千克的空气压力,当房子外的气压突然下降了 8%,这种内外压强差将导致房子内部空气向四周施加向外的膨胀力。如果一个长方形房顶的边长分别是6米和12米,则作用在房顶上向外膨胀的力可达68吨,足可以使房子"自我爆炸",把房顶掀掉!

73. 什么是雷暴?

雷暴是指积雨云中所发生的雷电交作的激烈的放电现象,同时也是指产生这种现象的天气系统。雷暴一般伴有阵雨,有时则伴有大风、冰雹、龙卷风等天气现象。通常把只伴有阵雨的雷暴称为一般雷暴,而把伴有暴雨、大风、冰雹、龙卷风等严重的灾害性天气现象之一的雷暴叫作强雷暴。

74. 什么是对流性天气?

对流性天气

当低层大气与高层大气上下位置在短时间内因上升和下沉运动而发生了交换或循环时,人们把这种现象称为对流。无论是一般雷暴还是强雷暴,都是对流旺盛的天气系统,所以常将它们统称为"对流性风暴",它们所产生的天气现象则叫作"对流性天气"。

75. 对流性天气发生的条件是什么?

对流性天气是如何发生的？首先应当考虑什么因素可以使高层空气与低层空气的位置发生交换。如果高层的空气"变重"，低层的空气"变轻"，头重脚轻，就容易发生不稳定的对流了。我们知道，空气的密度与温度和压强有关，同样的压强，温度高的空气密度小，温度低的空气密度大。如果正常情况下稳定的大气，当低层温度升高，高层温度降低，则有可能使大气"头重脚轻"，发生对流。因此，当大气中的温度垂直分布非常不稳定时，大气有可能出现自发的"自由对流"。但是，大部分情况下，大气不能自发地对流，需要外力"推"一把才能进行，这时就需要有抬升的条件。

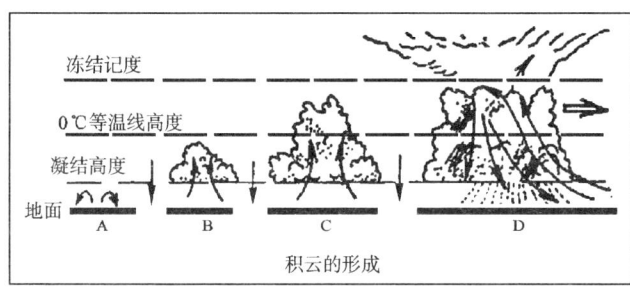

积云的形成

低层大气的温度越高，高层大气的温度越低，即高低层温度的差别越大，则一旦发生对流，激烈程度也就越强。如有外力抬升，如气流沿地形上升、沿冷暖空气的界面上升、低压等系统的辐合上升等，都容易使对流性天气出现。因此，发生对流性天气的主要条件是，大气在垂直方向具有不稳定的温度分布和抬升条件。

76. 为什么强雷暴天气的发生与逆温层有关?

逆温层是大气中一种非常稳定的空气层(见117条)。一般情况下,它是抑制对流运动发展的。那么,为什么逆温层的存在对强雷暴的发生常常会起到关键作用呢?

原来,大气中某一高度上逆温层的出现,就像一块"隔板"将高空的冷空气和低空的暖空气分隔开来,高空和低空不再发生联系。只要逆温层存在,高空和低空的"自由对流"就不会发生。于是,低层的空气更暖更湿,高层的空气更冷更干。逆温层实际上将大气中的不稳定能量积累了起来。一旦在外力的帮助下,低层暖湿空气冲破了逆温层,则严重的强风暴天气就会发生。

77. 龙卷风发生、发展的有利条件是什么?

我们知道,任何事物的发生发展都离不开有利的条件。龙卷风发生发展的有利条件是什么呢?由于龙卷风是最强烈的对流性天气,因此,使大气对流运动猛烈发展的环境条件也是龙卷风发生发展的条件。使对流运动发展的第一个条件是地球表面大气和高空大气温度的差别。据统计,在垂直方向上的温度差异达到或者超过每升高1000米温度降低18℃时,在干空气和湿空气的交汇处就容易发生龙卷风。第二个条件是垂直运动。龙卷风生成于地面暖空气上升、高空冷空气下降非常猛烈的地区,因此在冷暖空气的交界面、台风的周围和飑线附近等垂直运动强烈的地区容易见到龙卷风的身影。第三个条件是风在垂直方向上的变化要大。一般在低空急流和高空急流相叠加的地区龙卷风容易出现。

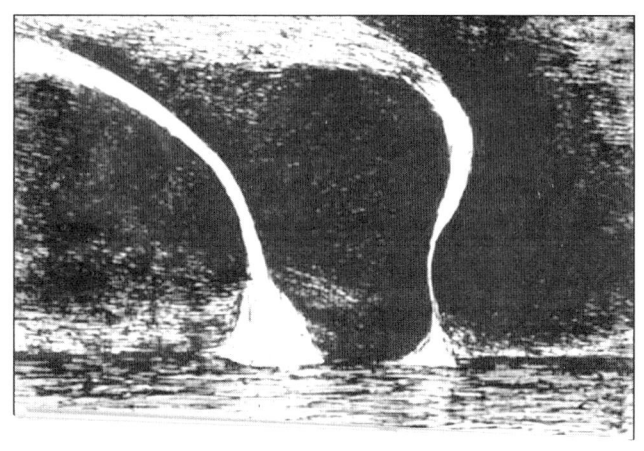

龙卷风

78. 龙卷风最喜欢在什么时间"现身"?

龙卷风一年四季都可以出现,但每个季节出现的可能性有大有小。一天之中哪个时间都可能发生,但出现的可能性不同。那么,龙卷风最"喜欢"在什么季节和什么时间"光临"呢? 一般来说,夏季是有利对流性天气发生的季节,龙卷风大部分出现在暖季;一天之内,陆地上由于地面被加热,午后发生对流性天气的可能性最大,龙卷风容易在午后发生;海洋和沿海地区由于高层大气的辐射冷却,夜间或黎明大气最容易出现对流,龙卷风大多出现在夜间。

79. 海上龙卷风卷起的水柱有多高?

在很深的洋面上,有足够的水"让"龙卷风卷吸,你能

猜出龙卷风卷起水柱有多高吗？1989年在澳大利亚测得的一个海上龙卷风卷起的水柱高度是迄今为止的最高记录,它达到了1528.27米,与我国泰山最高峰玉皇顶的海拔高度相当！在大气中出现这样高的一条水柱,其情景该是多么壮观啊！

龙卷风"吸"起水柱

80. 龙卷风比较"喜欢"哪些国家和地区？

几乎每一个陆地国家都出现过龙卷风。美国是最著名的"龙卷风之乡",平均每年能出现900次以上,与龙卷风有关的许多"神奇"现象也多发生在美国。原因在哪里呢？从北极地区经加拿大到美国去的冷空气直接到达美国大平原的中央区域后,与来自墨西哥湾的热带暖湿空气相遇,在汇合地带相互作用,使大气变得不稳定,非常有利于龙卷风的发生。日本和澳大利亚也是发生龙卷风比较频繁的国家。发生在我国的龙卷风主要出现在华南和华东地区,渤海、黄海、东海和南海的海面上时常可见,西沙群岛附近海面一年四季都可能出现,而8～9月最多。

81. 能够预报龙卷风的出现吗?

龙卷风是一种影响范围相对较小、存在时间比较短的天气系统。通常的气象观测难以寻觅它的踪影。因此,到目前为止还不能比较准确地预报龙卷风的出现。但这并不意味着不能对龙卷风出现的可能性进行估测。人们是怎样估测龙卷风出现可能性的大小呢?

首先,考虑低层大气的湿度是否很大。其次,低空有无逆温层的存在,使得低层大气高温高湿的特性得到不断的强化。再次,有无锋面、台风、气流辐合或飑线等强气流上升运动产生、冲破低层的逆温层,使不稳定能量得到释放。最后,大气低层与高层风速的差别是否很大。一旦大气具备了这些条件,就可能发生龙卷风。

82. 大气中是否存在"钱塘潮"?

声势浩大的钱塘江大潮,是蔚为壮观的自然现象。神话传说中将它与我国历史上春秋时期吴国大臣伍子胥(潮神)死后发泄怒气相联系。其实,钱塘江大潮的出现是由于潮水在特殊河道地形作用下出现的一种自然现象。南美洲的亚马逊河同样存在类似的"钱塘潮",只是由于种种原因,欣赏到潮水景观的人远远少于钱塘江罢了。那么,在大气中有没有像墙一样向前推进,使人惊心动魄的大气"钱塘潮"呢?有的,强对流天气系统飑线的云墙向前推进时,惊心动魄的态势与钱塘潮并无二致。

飑线实际上是一条线状的雷暴或积雨云带。飑线的长度一般为150千米~300千米。沿着飑线可出现雷暴、暴雨、大风、冰雹和龙卷风等强烈的天气,特别是两条飑线相交的地区最容易出现龙卷。当飑线经过时,常出现狂风暴雨,伴随气压涌升、气温骤降、风向突变,风速可达12级以上。

与钱塘江大潮不同的是,飑线的发生没有明显的周期性,它只不过是一种特殊的强烈对流性天气而已。

钱塘潮

83. 飑线的威力有多大?

台风与龙卷风的威力巨大是一般人都有的概念,但中尺度(水平范围几百千米)天气系统飑线的威力可能为数不少的人并不了解。

1878年3月,一艘英国的巡洋舰"欧列狄克"号远航归来。当海港的轮廓已经在望,水手们已经看到了前来迎接的人们时,飑线突然袭来,狂风吹倒了站在码头上的人们,白昼变成了黑夜,海上翻腾着巨浪。5分钟后,风息云收,但"欧列狄克"号却踪影全无。几天后,潜水员在海港入口处的海底发现了这艘战舰。

许多龙卷风的发生与飑线有密切的联系。1971年7月13日,从海上移来的一条飑线经过我国福建省时,造成了10级～12级的大风,台湾海峡海面上出现了许多水龙卷。

飑线的阵风非常猛烈,从高空下沉的气流造成的强烈阵风可以吹倒建筑物,损坏停在机

坪上的飞机,毁坏大面积的庄稼。如果正在飞行的飞机不慎进入下沉气流中,就可能被摔到地面上变成碎片。

84. "爆发性气旋"的"爆发"是什么意思?

"爆发性气旋"实际上是一种温带气旋。它与一般温带气旋的主要区别在于它在海上的发展速度特别快。20世纪中叶,国外的一位海洋气象学家曾分析研究了数以千计的温带海洋上气旋的发展过程,他发现其中某些气旋的发展速度与其他气旋的差别很大,这些气旋在短时间内急速发展加深,其中心气压在24小时内可以下降24百帕,中心气压的下降导致海面风力迅速增强,对航运也

构成了极大的威胁。后来,这种海上气旋急速的发展被称为"爆发性发展",这种气旋也被叫作"爆发性气旋"了。

85. "爆发性气旋"对航运安全有什么影响?

"爆发性气旋"对航运的影响主要是它的突然性。台风虽然威力强大,但现代航天技术的发展使人们在台风的初生阶段就对它进行监测,台风预报的主要内容是移动路径的预报。通过太空中的气象卫星,人们可以很直观地分析台风移动的变化。而"爆发性气旋"则不然,由于它在发展之初只是普通的气旋(例如东亚地区每年出现160多个气旋,但发展很深的却不多,大陆临近海域仅有2%的气旋发展成为"爆发性气旋"),不容易引起人们的重视。当从卫星云图上确定"爆发性气旋"时,已经于事无补了。1978年,在大西洋上有两艘大型轮船受"爆发性气旋"的袭击而沉没。1980年12月27日至1981年1月3日,仅在一周左右的时间里,由于"爆发性气旋"的影响,西北太平洋相继发生了7次海难事故。

86. 海上"爆发性气旋"的"老家"在哪里?

"爆发性气旋"是发生在中、高纬度海区上空的天气系统。它在爆发性发展之前是从哪里来的呢?科学家们根据多年的资料普查分析,发现绝大多数"爆发性气旋"都是由大陆入海经历爆发性增强形成的。原来,它们是生于陆地,迅速成长于海上的一种天气系统。由于它们在入海之前与其他温带气旋并没有什么两样,因此,搞清楚海洋对气旋发展的影响对预报爆发性气旋就是至关重要的了。

87. "爆发性气旋"大多发生在什么季节?

台风和龙卷风大多选择温度高、湿度大的夏季发生,"爆发性气旋"是否与它们相同呢?虽然不同的统计结果之间存在差异,但"爆发性气旋"在夏季最少的结论是一致的。"爆发性气旋"发生最多的季节是冬季,春季和秋季发生的多少与分析所用的资料和海区的具体位置有关,相信不久会有定论。因此,中、高纬度航运业应主要在冬季提防"爆发性气旋"的影响。

88. 冬天从陆地移到海上的气旋为什么容易增强?

冬季从大陆移到海面上的气旋一般都能得到发展,其中发展特别迅速的气旋称为"爆发性气旋"。为什么冬季气旋在海上容易得到发展呢?

人们根据温带气旋的发展理论得出,使气旋发展的因素之一是对大气加热。冬季使海上气旋发展的加热包括两部分:从地球表面的直接加热和因水汽凝结释放潜热造成的加热。产生于陆地上的气旋移动到相对温暖的洋面上后,海面的直接加热可以使气旋得到发展。另外,由于海上大气中的水汽丰富,在合适的环流条件下,如气旋上空的辐散使气旋中的上升运动加强,有利于水汽凝结潜热的大量释放。潜热释放对大气的加热又促使气旋更加快速地发展。由于水汽凝结需要将海面的水汽抬升到高空去,需要合适的上升运动条件配合,因此,潜热释放对气旋发展的影响不但取决于相对温暖的海面,还需要大气中存在上升运动。

89. 海上"爆发性气旋"在哪些海区最多？

海上"爆发性气旋"对海区具有很强的选择性。首先，气旋的发展与温暖海水的关系密切，因此，考虑到太阳辐射对地球表面加热在纬度相同地区差别不大的事实，纬度相同，但水温高的海区就有利于"爆发性气旋"出现。但仅有温暖海水还不够，还需要有尽可能多的气旋从这样的海区上空经过，像给植物催芽一样，外部条件相同，"种子"多，则发的"芽"也会多。那么，你知道北半球满足上述两个条件的海区在什么地方吗？一个是在西北太平洋的黑潮流区和日本东部的海区，另一个在西北大西洋的湾流流区。据统计，在西北太平洋上，平均每年有31个"爆发性气旋"，与台风发生的数量相当。

90. 为什么把海上"爆发性气旋"称作"气象炸弹"？

炸弹是战场上杀伤力很强的武器。炸弹的威力主要在于它的突然爆炸造成的冲击力。而在中、高纬度海洋上的"爆发性气旋"也被称为"气象炸弹"，形象地说明了"爆发性气旋"发展快，来势猛，使海上航行、工农业生产因措手不及而受到极大的冲击，造成惨痛的损失。

1975年2月4—5日，发生在大西洋上的一个"爆发性气旋"在24小时内中心气压竟由1004百帕下降到952百帕，强度可与强台风相比，下降速度达到每小时2.17百帕，相当于在一天之内就生成了一个台风！这就难怪有人把"爆发性气旋"叫作"温带台风"或"高纬度台风"了。

91. 你能解开"爆发性气旋"形成之谜吗？

"爆发性气旋"是海洋上的大气现象，因此不但它的发展受海洋的影响，对它的研究和预测也受到海洋的限制。大家是否知道，与陆地相比，海洋上的气象观测站点非常稀少，观测记录的时间也比陆地短得多。从对它研究的历史来看，对"爆发性气旋"的发现和研究也比其他天气系统晚得多。"爆发性气旋"究竟是怎样形成的，这个谜到目前还没有彻底地解开。有迹象表明，爆发性气旋除了与高温洋面的关系密切以外，可能还与高空天气系统存在密切的关系。例如，绝大多数的东亚"爆发性气旋"形成于高空西风急流出口区的左侧，但也有少数生成于入口区的右侧。气旋位于上述两个区域之下时，有利于上升运动的加强使凝结潜热释放。还有的研究表明，青藏高原大地形是日本东部海区高空急流存在的原因之一，东亚"爆发性气旋"的形成可能也与大地形的作用有关。

92. 什么是风暴潮？

发生在海上的风暴，一般总伴有狂风暴雨、惊涛骇浪。对于海上航行、海上生产都构成了极大的威胁。但是，如果不在海上，沿海陆地受海上风暴的影响除了风、雨以外，还有其他致命的威胁吗？可以明确地告诉你，风暴引起的潮水泛滥对陆地上的生命财产安全的威胁丝毫不比海上差。

风暴潮，人们又叫它风暴增水或气象海啸，它是一种由海上强风或气压骤降引起的海面异常升高的现象。当风暴潮出现时，海水"水漫金山"般地涌上陆地，摧毁海堤,破坏港口设施和岸上建筑物,淹没农田和村庄,会造成巨大的生命财产损失。

93. 风暴潮的危害有多大?

风暴潮对沿海地区人民的生命财产安全具有非常严重的影响。近300年来,死亡人数超过10万以上的风暴潮超过5次。从1471年到现在,我国发生的重大风暴潮已达到70多次。1992年8月28日至9月1日,第16号台风造成的风暴潮在天文大潮的配合下,袭击了福建、浙江、上海、江苏、山东、天津、河北、辽宁上万千米的海岸线,毁坏海堤超过1170多千米,受灾农田193万公顷,受灾人口2000多万人,死亡193人,直接经济损失90多亿元。仅在渤海沿岸冬季受寒潮大风的影响,曾出现30多次风暴潮灾害。1969年4月23日,莱州湾地区因风暴增水引起海水侵入内地40千米,也造成严重的损失。1959

风暴潮

年9月26日,风暴潮在日本伊势湾造成的增水高达3.45米,造成36万平方千米的土地被淹,7.5万人伤亡和失踪,数千栋房屋被摧毁,经济损失超过了852亿日元。

94. 最严重的风暴潮发生在什么地方?

到目前为止,世界上最严重的风暴潮灾害发生在孟加拉国。1970年11月12日,产生于孟加拉湾洋面上的风暴,"推"起近15米高的狂涛扑向海岸。一些岛屿被淹没在9米深的水下,沿岸村庄、海港尽被水淹。风暴过后,潮水退回海洋,孟加拉湾沿海地区普遍覆盖着一层洋底淤泥,尸横遍地。溺毙的牲畜达50多万头。由于海水倒灌,致使井水不能饮用,一时间病菌肆虐,瘟疫流行,共夺去了50多万人的生命,使100多万人无家可归。

95. 哪些地区最易遭受风暴潮的侵袭?

风暴潮的危害主要是由于风暴驱动海水的冲击和淹没所造成的。因此,除了频繁受到海上风暴的影响之外,受灾地区的海拔高度也是受风暴潮影响的关键因素之一。对我国山东来说,鲁北沿渤海地区在冬季受寒潮大风暴潮影响大的原因之一是海拔高度低,且地势平坦。我国台湾省虽然受热带风暴的影响很多,如台风常常登陆台湾后再影响大陆,但由于台湾东部沿海多为山区,风暴潮造成的危害却不是很大。世界上遭受风暴潮灾害的地区多数都是地势低洼、平坦的沿海地区,如孟加拉国沿岸、大西洋北海沿岸国家和地区、美国、日本和我国受风暴潮影响的沿海地区等,都具有离海面高度低,地势相对平坦的特点。

96. 冬春季节江苏、浙江沿海出现强风暴潮的可能性大吗？

我国长江口附近和浙江省等地区是遭受风暴潮灾害威胁比较大的地区。由于这些地区的经济比较发达，因此，一旦风暴潮造成灾害，经济损失的数额就相当大。但你知道这些地区在冬、春季节遭受风暴潮袭击的可能性有多大呢？让我们从风暴的特点作一下判断吧！冬、春季节我国主要受冷空气的影响，寒潮常携带着冷空气从寒冷的北冰洋地区和西伯利亚以"横扫千军如卷席"的气概直下南海。在冷空气的影响下，东亚沿海海水的温度非常低，因此，海水的热力条件和大气环流条件很不利于热带风暴或台风的发展北上。从历史记录上也可知道，冬、春季节不会有热带风暴袭击江苏、浙江地区。另一方面，影响我国长江以北地区的冷空气大部分是西北气流，大风的方向使海水向外流动，因此在冬、春季节，除了海上"爆发性气旋"的影响以外，强风暴潮影响我国江苏、浙江沿海的可能性非常小。

97. 我国渤海产生风暴潮的天气系统有哪些？

渤海是我国纬度最高的一个内陆海，也是我国4个海区中最浅的一个。渤海沿海也是遭受风暴潮灾害比较多的地区。其中，引起风暴增水的天气系统比较多是一个重要原因。在这里无论是冬季还是夏季，都存在引起风暴潮的天气系统。那么，都有哪些天气系统会引起渤海风暴增水呢？冬、春季节，寒潮冷锋后部的偏北大风牵引着渤海西北部的海水向南部沿海集中，造成山东北部沿海水位的大幅升高；在夏季，北上的热带风暴或台风、在渤海充分发展的黄河气旋可以导致渤海风暴潮的发生。

98. 我国最早开展风暴潮研究并取得重大突破的海区是哪个？

我国开展对风暴潮的系统性研究开始于20世纪70年代，并取得了国际领先的成果。当时，以山东海洋学院海洋系海洋气象专业秦曾灏先生为首的风暴潮研究小组，根据我国渤海风暴潮的实际情况，提出了"超浅海风暴潮"理论模型，分析研究了影响渤海风暴潮发生的因素，对渤海风暴潮的形成和预报具有非常大的指导意义。由于成果突出，"超浅海风暴潮理论"获得了国家自然科学奖励。

99. 造成我国南、北方风暴潮危害的天气相同吗？

我国幅员辽阔，引起我国沿海地区风暴潮的天气系统在不同的纬度具有不同的特点。除了渤海以外，寒潮大风对其他海区风暴潮的影响并不大。例如，冬季寒潮来临时，由于西北大风的吹刮，青岛近岸的水位常出现最低潮位。这是由于大风将海水向外海方向牵引的结果。如果不加注意，船舶可能会搁浅而造成损失，但不会出现沿岸增水的现象。相对而言，由于东海沿海离黑潮暖流最近，因此，冬季受入海发展气旋影响的可能性最大，但冬季海上爆发性气旋的移动一般是离岸方向的，即便造成增水，幅度也要比夏季热带气旋造成的潮位低得多。所以，影响我国东部和南部沿海上区风暴潮的天气系统主要是夏季的热带风暴和台风。

100. 为什么风暴潮靠近海岸时水位会猛增？

风暴潮在沿海肆虐时,最强的风暴潮水位可使海面升高7.5米,大约相当于两层楼房的高度。海面升高了这么多,再加上狂涛恶浪的"呐喊助威",风暴潮的威势可谓惊心动魄。美国发生的风暴潮瞬间曾经出现过40米高的水墙,一般也要有6米~10米高的风浪。不过,风暴潮在开阔大洋上的水位可没有这么高。这是为什么呢?如果从风暴潮的"潮"字理解就容易了。海洋中的潮长、潮落是月球和太阳对海水吸引的结果,在开阔大洋中的潮位一般也就是1米左右,钱塘江大潮以几米高的水墙,逆钱塘江而上几百千米的原因是特殊形状河岸的约束和地形的"托举"而成;类似的靠近海岸风暴潮位不断升高的原因都是由于水深变浅,摩擦变大,波速变慢,波表面形状的改变所导致的。

101. 风暴潮的出现有先兆吗？

一般自然灾害发生时,都会事先出现某些先兆。例如,大地震前,常有轻微的地震发生;台风到来前,天空经常出现被渔民称为"母猪云"的积雨云。那么,海洋中的风暴潮在到来之前也有先兆吗?如果有,并事先引起了人们的注意,那就有一定的时间做好防灾的准备了。像战场上大部队移动前要有先头部队的出动一样,风暴潮主要振幅到来之前的"先头部队"是波长较长的重力波。一般来说,风暴的移动速度要小于海洋中长重力波的移动速度,由于海洋被风暴激发的波动中那些波长较长的波传播快,当这些先兆波传到岸边时,引起沿岸海面缓慢地升降,就预兆着风暴潮即将来临了。

102. 海上狂涛恶浪时为什么大的船舰易被毁坏?

发生在海上的风暴,常常激起滔天的巨浪。如果有船舰不幸陷入风暴之中,船身较短的船幸免于难的可能性远大于船身长的船。为什么在这种情况下,大的船舰易被毁坏而较小的船只却更能抗御风暴呢?这是由于风暴影响区的风浪波峰和浪谷的距离短,如果船身长的船重心刚好在浪峰上,船的两头正好在浪谷,船两端自身的重量就会将船从中间折断。而较小的船舰一般能爬上一个波浪的斜坡,也可从另一斜坡滑下,因而要比大船更能经受风浪的袭击。

103. "爱沙尼亚"号客轮是怎样沉没的?

20世纪初期在冰海里沉没的"泰坦尼克"号客轮是一次最大的海难事故。此次海难事故造成1513人死亡。1994年9月28日,在波罗的海的芬兰湾口,又发生了一次仅次于"泰坦尼克"号的海难事故,911人在海难中丧生。这就是重达1.5万吨的"爱沙尼亚"号的沉没。与"泰坦尼克"号悲剧不同的是,"爱沙尼亚"号在航行中并不是撞到了冰山,而是由于海上风暴的袭击和人们的盲目大意造成的。

按照设计,"爱沙尼亚"号的抗风能力超过8级。当时,天气预报芬兰湾附近有暴风雨,风速可能达到8级左右。当船驶进风暴区后,6米~7米高的大浪前赴后继地"欢迎"着客轮。在凌晨时分,风力已达到10级,海浪高达10米,在风暴的猛烈进攻下,"爱沙尼亚"号的底舱发出恐怖的震响,海水疯狂地涌入,不到50分钟,客轮的呼救信号就突然消失了。

104. 台湾海峡中的风速为什么大?

我国的台湾海峡常常出现大风咆哮的天气。澎湖列岛平均每年有138天刮8级大风,马祖岛更多,平均每年有169天以上,平潭岛也在80天以上。在经常性大风的吹刮下,岛上的土地变得非常贫瘠,岛上种植的山芋、花生、树木变得低矮而稀少。发生这种天气的原因在哪里呢?

当气流从开阔地区向两山对峙的峡谷流去时,由于空气不能在峡谷中大量堆积,必须加速流出峡谷,因此风速相应地增大。这种作用通常称为地形对气流的狭管效应。城市中两幢高楼之间的风速比其他地方大,也是这种狭管效应的结果。

海峡两岸的地形高度远高于海面,因此,由于狭管效应,台湾海峡中经常出现大风就是顺理成章的了。

这种地形的狭管效应造成风大的现象也可适用于胶州湾。冬季,青岛的西北风比较大也与这种狭管效应有密切的关系。

105. 世界上的"风极"在什么地方?

"风极"中的"极"字含有相对于其他地区的风"极多"、"极大"的意思。南极大陆上阿德尔地区的德尼森角是一个巨大冰谷的谷口,一年中有340天风暴怒吼,因此被称为"世界风极"。

德尼森角的年平均风速为每秒19.4米,相当于天天吹8级大风。1912年5月,观测到的月平均风速为每秒27米,相当于每天吹10级大风。1951年2月22日,又测得日平均风速每秒45米,阵风达到每秒92.6米。要知道,12级台风的风速只有每秒32.7米!

106. "风湖"、"风库"在什么地方?

我国新疆维吾尔自治区的达坂城、阿拉山口、老风口、克拉玛依、塔城、喀什等地,都是著名的大风口。阿拉山口位于新疆的西北部,这里两侧都是海拔几千米的高山,而隘口的海拔高度在300米左右。阿拉山口气象站在艾比湖畔的戈壁滩上,位于隘口东端附近。根据气象站的观测,每年平均8级以上的大风166天,风速常达每秒40米以上。测风的风向杆被刮倒,风速仪被吹坏也是常有的事。观测员测风时经常以粗绳系身,卧地爬行,以免被风吹走。因此,艾比湖以"风湖"著称。

我国甘肃省安西位于河西走廊的疏勒河畔,北有海拔2583米的马宗山,南有海拔高度3000米以上的野马山,最大风速每秒 34 米,平均每年大风 80 天以上,所以,这里也有安西"风库"的说法。

107. 为什么在南半球存在"咆哮"西风带?

在南半球南纬 40 度至 60 度之间的海面上,常年存在着稳定、强劲的西风气流。这里的平均风速在每秒 9 米到 12 米,8 级以上的大风几乎天天出现。强劲、稳定的西风与南半球海洋的面积占绝对多数有关。由于大气下方海水的性质比较均匀,海面等压线几乎是平直的东西向分布,较低纬度大气与较高纬度大气之间在南北方向上的热量交换不大。从南部吹来的干冷空气和从北部吹来的暖湿空气在这一带交汇,使气压梯度变大。从而始终保持较大的风速。

"风大浪高"是广阔海洋中的规律。在风速相同的情况下,风作用的海区面积越大,激发起的风浪也越强。与北半球不同的是,南半球沿这个纬度环绕地球一周几乎没有陆地,西风作用的海区特别宽广,因此,稳定、强劲的西风使得这个纬度的海区常年波涛滚滚,奔腾怒啸。由于这个海区风大浪高,因此被称为"咆哮"西风带。

108. "航海家的坟墓"在什么地方?

在南美洲最南端的火地岛和南极大陆伸向最北端的南设德兰群岛之间,有一个连接大西洋和太平洋的宽阔海峡,这就是以英国人名字命名的德雷克海峡。

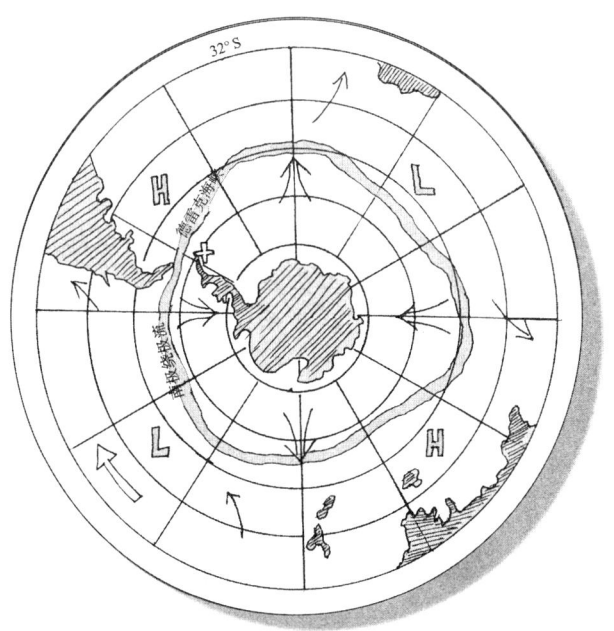

南极绕极流

德雷克海峡东西长300千米,南北宽900千米~950千米,平均水深3400米,最深处有5480米。这里是南极大陆冷高压和中纬度低压带交汇的地方,除了常年强劲的西风外,海峡中还盛吹从南极大陆吹出的干、冷风。海峡中的风暴常年不断,通常风速都在每秒 9 米～12 米,有时超过每秒 20 米。海峡中的波浪高达 12 米～14 米,并且,在狂涛恶浪中还漂移着冰山。

严酷的自然环境,使得通过航道船只的船长和船员们必须小心翼翼,提心吊胆。但无论如何小心,还是有许多船只葬身在汹涌的波涛之中。在巴拿马运河开通前的几百年里,不知有多少船只过不了德雷克海峡的"鬼门关"。正因为如此,德雷克海峡也就有了"航海家的坟墓"这样一个令人毛骨悚然的名字。

109. 地球表面最大的风速有多大?

同学们已经知道,引起狂风的天气系统有台风、爆发性气旋、龙卷风、飑等等。由于地形的狭管效应,两山之间或海峡、海湾地区也是容易出现大风的地方。但你知道有气象观测记录以来,人类在地球表面上测得的最大风速有多大吗?

富士山是日本的高山,在富士山上测得的最大风速达到每秒 91 米,但这还不是世界最高记录。目前世界最大的风速记录出现在美国。1958 年 4 月 12 日,美国东部海拔 1916 米的华盛顿山上测得的最高风速记录是每秒 103 米,相当于每小时 371 千米!

海洋气象

探寻海洋天气

110. 你知道雾、霭、霾有什么区别吗?

雾是悬浮于地面附近大气中的大量水滴或冰晶,使水平能见距离小于 1000 米的现象。当气温在 0℃ 以下时,雾就由过冷水滴或冰晶组成,温度越低,冰晶所占比例越大。如果情况相似,但能见距离在 1000 米到 10000 米之间时则称为轻雾或霭。雾与霭的区别除了相同体积空气中含水量的不同外,水滴的大小也有很大的差别。雾的水滴半径约为万分之一厘米或更大些,而霭的水滴半径则小于万分之一厘米。雾和霭只是指悬浮在近地面层大气中的水汽凝结物。当大气因许多杂质如尘土、沙等悬浮物质使能见距离小于 10000 米时则被称为霾。

111. 发生在海上的雾就是海雾吗?

海雾是雾的一种,这是毫无疑义的。但发生在海上的雾就一定是海雾吗?让我们先看看海雾是怎么定义的吧! 海雾是指在海洋的影响下出现在海上(包括岸滨和岛屿)的雾。也就是说,只有受海洋影响产生的雾才能称为海雾。那些在陆地上生成并随天气系统移动到海面上的雾不能称为海雾,只能叫作"海上的雾"。在冷、暖空气交界地区出现的雾是一种受天气系统锋面的影响产生的雾,陆地上有,海上也有。虽然海洋也可给以一定的影响,但它的生成却是由于陆地天气系统,因而不能列入海雾的范围。反之,受海上的影响生成并随风移动到沿岸的雾,虽然发生在陆地上,却被叫作海雾。例如,青岛夏天出现的雾大部分就是由海上吹过来的海雾。

112. 海雾对海上交通有什么影响吗?

浓雾漫漫,周围的一切都似真似幻,给人以缥缈的感觉。但这种天气对海上交通安全却构成了极大的威胁。

2000年夏天,一艘外轮在进入青岛港时,因海雾弥漫偏离了航线,差一点冲到岸边鲁迅公园的浅滩礁石区中,造成搁浅毁船的事故。许多轮船碰撞造成的海难事故与海雾有密切的关系。日本是航海大国。日本近海发生的海损事故每四起中就有一起是由于海雾的原因造成的。据统计,在1958年至1974年间,航海船舶的碰撞有70%发生在雾天。当飞机场处于浓雾的笼罩中时,飞机无法进行正常的起飞和降落。运输机因气象原因造成的飞行事故中,接近一半是与雾相关联的。

雾对海上交通的影响主要是能见度太低,影响人的正常判断造成的。就是在陆地上,出现浓雾弥漫的日子里,大家外出的时候也千万要对交通安全提高警惕哟。

海雾与航海

113. 美军怎样受到雾的捉弄而惨遭损伤?

第二次世界大战期间,日本对美国太平洋舰队的基地珍珠港进行了突然袭击,使美国海军遭受重大的损失。日军偷袭珍珠港后不到 1 小时,驻扎在菲律宾军事基地的美军就接到开战的速报,立即紧急备战。但日军空袭美国空军克拉克和伊巴两机场时,却发觉美军毫无防卫。一阵狂轰滥炸使美军损失 100 多架飞机,死亡 80 人,伤 150 人。是美军麻痹大意,不做准备吗?这也不是!而是由于台湾南部的大雾对美军的捉弄造成了日军的可乘之机。

日军飞机是从台湾南部两个机场起飞执行空袭美军机场任务的。但按原计划时间起飞时,高雄处于浓雾的笼罩中,海军航空队的轰炸机无法起飞,只有驻恒春机场的日军陆军轰炸机没有受到雾的影响,空袭吕宋岛北部的美军机场。由于美军已有准备,没有造成很大损失。美军飞机根据日军的活动规律升到空中严阵以待,在空中一直等了三四个小时。当美军认为日军不会马上袭击,飞机降落机场休息并加油时,日军海军航空队才飞临美军机场上空。原来,在雾消散后台湾南部大雾对两个机场的不同影响产生的"时间差"使日军海军航空队晚起飞了几个小时,给美国飞机的迎战造成了"死角"时间,日军乘虚而入,给美军造成了惨重的损伤。

114. 海雾有哪几种?

海雾造成的灾害虽然都是由于对能见度的降低造成的,但由于形成条件的不同它被划分为许多不同类型的雾。第一种雾是平流雾:当暖湿空气流到温度较低的海面上因冷却形成的海雾,称为平流冷却雾;当气温低于海水温度时,海水向流到海面上的空气中蒸发水分,增加空气的水汽含量,在合适的条件下凝结成的雾叫作平流蒸发雾。第二种雾为混合雾:冬季北大西洋和北太平洋靠近极地海区冷空气与海面暖湿空气混合形成的雾和夏季巴伦支海暖空气与海面冷湿空气混合形成的雾都是典型的混合雾。第三种雾为辐射雾:高纬度冷海面上由于辐射冷却作用使海面附近水汽凝结形成雾。第四种雾为地形雾:从海面吹向岛屿的暖湿空气在岛屿的迎风面上因气流的强迫上升凝结成雾。

115. 诸葛亮"草船借箭"得到什么雾的帮助?

《三国演义》中的赤壁之战有一个著名的典故——"草船借箭"。吴国都督周瑜欲利用军令杀害诸葛亮,让他在3天内造10万支箭,否则按军法从事。诸葛亮在鲁肃的帮助下,利用大雾弥漫的天气到曹操的军营"借"了10万支箭,展示了他惊人的智慧,为人们所津津乐道。你可知道当时发生在长江上的大雾是什么性质的雾吗?

根据书中的描写,"草船借箭"的时间发生在早

三国"风云"

晨。当箭"借"到以后,东吴的战船回撤时,雾已开始消散。什么种类的雾有这种特点呢?是辐射雾!赤壁之战发生在冬季,靠近地面层的大气温度由于地面辐射冷却的作用在清晨达到最低,使近地面层空气中的水分凝结形成雾,太阳升起后,这种雾会随着地面温度和空气温度的升高,水滴不断被蒸发而最后消散。

116. 有雾的天气为什么风速不会很大?

不知同学们有没有注意到这样一个现象,有雾的天气通常风速都不会很大。原因在哪里呢?

我们已经知道,雾是悬浮于近地面层大气中的大量水滴或冰晶。凝结这些水滴或冰晶的水汽一般来自地球表面。只有维持近地面大气中水汽的饱和状态,雾才能不至于消散。当风速很大时,雾便会被风吹散为低云或者趋于消散,不利于雾的生成和扩展。但风速太小也不利于海雾的扩展。因此,青岛有海雾的天气,风速既不是很大,也不是很小,一般在2级~6级之间。

117. 什么是逆温层?

在汉语中,"逆"是与"正"意义相反的字。在大气垂直方向温度的变化中,逆温就是与正常温度变化特征相反的另一种分布特征。由于加热大气的热量主要来自地表面,因此在一般情况下,气温随高度的升高是逐渐减小的。对流层中温度随高度大约每升高100米温度降低0.6℃~1℃。如果空气中没有水汽或水分含量很小,当气温降低的幅度大于每100米1℃时,空气就会因不稳定而产生对流运动。温度随高度降低幅度越大,对流运动就越猛烈。当空气中含有大量水分时,温度随高度降低的幅度小于每100米1℃就可以发生强烈的对流。

如果在两个高度之间空气的温度出现了上暖下冷的情况,则这两个高度之间的大气层就形成了逆温层。逆温层是一个强稳定的气层,不会有对流运动出现。如果逆温层的位置高于凝结高度,则逆温层以下有可能发生对流,但对流的高度只能达到逆温层的底部。除非对流运动非常强,将逆温层破坏掉。

逆温层多在冬季出现,与地球表面的强辐射冷却有关,也与低层冷空气的平流运动有关。大气中的锋面因为冷气团在下,暖空气在上,就形成了非常稳定的逆温层。

118. 逆温层对有害雾的形成有什么作用?

随着人类向大气中排放污染物的增多,雾的水滴中溶有不利人体健康的化学物质已不再是个别的现象。逆温层存在时,对逆温层以下的大气对流运动来说,相当于扣了一个盖子,它抑制了空气因上下对流运动造成的交换。在某些特殊的天气条件下,逆温层的高度比较低,底层的污染物质都被限制在地球表面附近,使有害物质的浓度非常高,有利于有害烟雾的肆虐。

1952年12月5—8日,英国的首都伦敦正处于高气压的控制之下,地面无风并有浓雾。高空的温度比低空高,出现了逆温层。工厂和家庭炉灶排放的烟尘经久不散,徘徊在楼宇、街道的上空。污浊的空气严重地损害了伦敦人的健康,仅4天的空气烟尘就造成了伦敦市区4000多人死亡,慢性病的死亡率也成倍增长。

119. 世界上第一部《海雾》专著的作者是谁?

科学界对海雾的研究已有很久的历史了。可是,你知道世界上第一部《海雾》的专著是谁在什么时候出版的吗?世界上第一部《海雾》的专著是1982年由山东海洋学院(现在的中国海洋大学)海洋气象专业的王彬华教授撰写,由海洋出版社出版发行的。这部专著系统地总结了1982年以前有关海雾的研究工作,分析了海雾的特点、成因以及海雾的预报工作,提出了许多独到的科学见解。《海雾》出版以后,又先后被国外气象学家翻译成多种文字在国外出版。

120. "雾窟"在什么地方?

世界上海雾特别多的地方在北美洲东部纽芬兰岛附近。最多的月份,雾日有20多天,是名副其实的"雾窟"。你知道我国的"雾窟"在哪里吗?它在山东半岛最东部的成山角外海。在那里,每年的平均雾日达到80天以上。成山角又名成山头,深入黄海,三面环水,周围礁石林立,海流湍急,波涛汹涌,是航海的危险地带。当地流传着这样的民谣:"成山头,成山头,十个艄公九个愁。"

121. "雾岛"是海洋中的岛屿吗?

我国的峨眉山是雾日最多的地方。它平均每年323.4天有雾。7—10月平均每月只有两天没有雾,而每年的12月是雾日最少的月份,而且平均每月有雾日24

天。是全国最高记录。

峨眉山的雾还有个特点,那就是山顶和山麓的雾都不多。登上峨眉山金顶向下望去,弥漫的云雾烟波浩渺,一直连接到天边,把群山笼罩在云雾缭绕的仙境之中。由于峨眉山的山顶少雾,突出于"雾海"之上的山峰就像大海中的岛屿,形成了独特的"雾岛"景观。

峨眉山位于我国内地四川省,与海洋远隔千里。大家可不要被"雾岛"误导哟。

峨嵋佛光

122. 哪些地方有"雾都"之称?

我国的第四个直辖市重庆是有名的江城。每年重庆平均雾日多达103天,最多的年份出现过206个雾日的记录,也是世界上雾日最多的城市之一,有"雾重庆"和"中国雾都"的称号。

英国的首都伦敦是著名的"雾都",平均每5天有一个雾天。日本海、千岛群岛附近和鄂霍茨克海南部海雾发生频繁,在那里有"海上雾都"之称。

123. 雾与云有什么区别？

实际上雾与云的性质没有根本的区别。最大的区别可能就是出现的高度和水滴的大小了。一般雾中的水滴小于云滴，特别是小于云中的雨滴。当雾因某种因素抬升脱离地面到空中时，从地面看雾就变成了云。"腾云驾雾"这个词将云和雾联系在一起是非常有道理的。峨眉山的雾，黄山的云海，泰山的云，都是因人所在的位置不同而不同，因人观察的角度不同而有差异。如以"地球表面附近空气中凝结的水分"作为定义，则山腰附近的"云"也可以叫作"雾"了。

云海

124. 海雾对青岛的气候有什么影响？

海雾有遮蔽阳光的作用，青岛之所以成为国内著名的避暑胜地，就与海雾的作用有很大关系。3月到7月是青岛的雾季，而6月和7月又是雾日最多的月份。每年7

月,青岛的平均雾日有11.7天,崂山太清宫一带的雾日更多,可以达到20多天。但是,进入8月份后,青岛的雾日就开始明显地减少,因此,青岛的月平均最高气温出现在每年8月份而不是7月份。由此可见,海雾也是影响气温的一个重要因素。

海雾

125. 为什么青岛的初夏多雾?

青岛全年平均约有53个雾日。大多都是受海上平流雾的影响。海雾生成于海洋上,并随风播散到沿海陆地上。从黄海北部有一股向南的海流,叫中国沿岸流。这股低温海流从渤海绕过胶东半岛,再贴近中国海岸到达中国南部。每年3—7月,青岛近海的水面温度比气温低1℃~4℃,这期间青岛盛行东南风,多海雾出现。到了8月上旬,上述海区的水温和气温的差别消失,水温逐渐高于气温,雾日也大幅度减少到每月不足3天。到这时,风弱云稀,温度高,湿度大,也就到了青岛盛夏季节。

青岛雾牛

126. 我国东部沿海的海雾为什么与渤海海冰有关?

不但青岛初夏的多雾与沿岸向南的低温海流关系密切,就连长江口以北沿海地区的海雾也都与沿岸冷流有关。每年3—7月,东南季风把南方海洋上的暖湿空气带到北方冷海面上来,于是长江口以北的地区开始了雾季。沿中国沿岸流上空的海域雾区很多,如黄海北部、成山头、大连和山东半岛南部海区等。山东的龙口、烟台和长江口以南地区很少有海雾,从长江口往南,水温和气温的差别越不明显,海雾出现的次数越少。对气候预测来讲,如果较为准确地提前得到低温海流强弱的信息,则有利于估计海雾的多少。由于沿岸低温海流与较高纬度海洋中冬季海冰的多少关系密切,因此渤海、日本海冬季海冰的多少对于来年我国东部沿海地区海雾的预测提供了有用的信息。

127. 地球上哪些海区的海雾多？

海雾对海上航运安全的影响非常大，但并非所有的海区都经常出现海雾。一般来说，全球海雾出现最多的海区是中纬度西风带的海域，也就是说大洋的西部海区多于东部海区，沿岸地区多于大洋中部。由于海雾受海流的影响很大，在暖流和寒流交汇处多海雾出现。海雾的出现具有明显的季节特征，春夏季节出现海雾的次数远多于秋冬季节出现的次数。北太平洋的海雾主要集中在北纬25度以北，西部4—8月为雾季，东部1—3月为雾季。南太平洋海雾多出现在南纬40度以南。南印度洋的海雾多集中在爱德华王子岛附近的海域。大西洋中的海雾都出现在高于南、北纬35度的海区上空。加拿大东南部的纽芬兰岛附近海域是全球最著名的多雾区。

128. 雾凇是什么？

雾凇是低温有雾天气下，过冷雾滴或空气中的水汽直接凝结在地面物体上的冰晶物。外观呈白色或乳白色，仔细观察可见到许许多多重叠的小冰珠或小冰晶。当雾凇附着在树枝或景物的突出部位时，给人强烈的美感，具有很高的观赏性。

按照生成原因和结构特点，雾凇一般分为针状晶凇和粒凇。针状晶凇出现在寒冷且风速比较小的天气，外形为枝状白色晶体，结构松散，一有震动便会跌落。粒凇由过冷雾滴附着在物体表面迅速冻结形成，外表较粗糙，在迎风方向增长比较迅速。浓雾、微寒和有风的天气条件下容易出现。

雾凇

129. 为什么雾凇多出现在中高纬度沿海地区？

雾凇在中高纬度沿海地区比较多见。因为形成雾凇的条件主要有两个：较低的气温和近地面层空气中充足的水汽含量。热带和副热带沿海地区虽然水汽条件满足，但没有足够低的温度使雾滴凝结，因此很少见到雾凇的身影。中、高纬度内陆地区冬季虽有严寒，但由于近地面空气中的水汽含量少，也不容易出现雾凇。在海雾频繁现身的地区，如山东的成山头、青岛等地，在温度低于零度的雾天，容易有机会观赏到雾凇的美丽风采。

130. 什么是低空急流？

在我国夏季发生暴雨或冬季发生强降水（雪）时，常常在离地面1000米到3000米左右的大气中出现狭窄的、与水汽输送有关、风力大于6级的强风速带。人们把这种强风速带称为低空急流。暴雨（雪）区一般出现在低空急流的左前方。低空急流一般的流向为西南向东北，至少都有比较大的南风分量。这是因为南方的气温高，水汽含量大，有利于为暴雨区提供更多的水汽。

低空急流与强降水

131. 为什么沿海地区雷雨多发生在夜间？

无论是在海洋上还是在陆地上都有雷雨发生，但两者的发生特点是不一样的。陆地上的雷雨多出现在夏天的午后。因为从太阳初升到下午2时以后，接近地面空气的温度达到最高。在适当的条件下，当热空气上升，大气出现对流运动，在对流云的云顶高度达到零下20℃空气所在的高度时，我们就会听到雷声了。但在海洋上，由于海水吸收热量的能力特别大，午后大气上下温差的对比并不容易使大气出现对流。海洋上容易发生对流的时间是在深夜或凌晨。因此，海洋上或沿海地区的雷雨多出现在夜间或凌晨。从雷雨出现的季节来看，温带地区陆地上的雷雨多出现在夏天,而海洋上的雷雨多发生在秋天。

132. 为什么某些高温洋面上的降水量特别少?

一般来说,在海面水温高的地区,由于海水向大气中提供的热量和水汽多,海水温度和气温的差别大,容易引起大气的上下对流,因此降水量比较多。但是,在副热带海域,特别是副热带高压控制下的海区,由于高压控制区内天气晴朗,太阳向海表面的辐射特别强,海水的温度可以很高,但由于高压内部下沉气流的影响,海表面大气中的水汽不能输送到高空凝结,降水量也会很小。1997年青岛海洋大学的"东方红"号科学考察船在副热带海区作业时几乎每天都观测到比较高的海温,但在近1个月的科学考察中几乎没有观测到降水。

因此,高温洋面和上升运动同时具备的海区,才会出现比较大的降水量。

133. 什么叫云团?

云团是人类社会出现人造地球卫星以后才出现的一个名词。人造地球卫星从外部空间可以观测到地球上的风云变幻,并将云的图像用无线电发送回地球,于是就有了云图。云图的出现大大丰富了人类观测天气变化的手段,通过对云图进行分析,可以得到许多天气变化的信息,用于天气预报,提高天气预报的准确性。

通常情况下,在海洋上空进行气象观测代价是非常高的。但是,如果对人造地球卫星拍摄的云图进行分析就可以得到许多海洋气象的信息了。气象学家通过对云图分析发现,在热带地区卫星云图上经常出现直径达400千米以上的白色密蔽云区,云区之下常常会出现大风和暴雨。许多热带天气系统的发展也常与上述密蔽云区有关,因此,人们给卫星云图上的这类密蔽云区起了个名字叫作云团。

134. 云团有哪几种类型?

卫星云图上的云团形状具有不同的特点。为了分析研究的方便,人们将云团根据不同的特点划分出三种类型。在全球范围内,云团可分为尺度较小的"爆米花状"云团,这种云团由一些离散的积雨云群组成;第二种是一般的热带云团,是发生热带气旋、台风、东风波等系统的主要来源;第三种被称为"季风云团",它可是地球上最大的云团,南北可在1000千米以上,东西范围可达2000千米~4000千米。

135. 季风云团出现在什么地方?

季风云团肯定与季风有关,但并不是所有的季风区都会出现季风云团。季风云团发生于热带印度洋和东南亚地区。在这种云团中常产生季风低气压,自孟加拉湾侵入印度东北部——缅甸,造成该地区的特大暴雨。印度的"雨极"与季风云团也有密切的关系。影响我国西南地区的降水,除了与冷空气的活动有关以外,还与

雨季

侵入并出现在雅鲁藏布江——布拉马普特拉河谷的季风云团密切有关。

136. 爆米花云团是什么样的云团？

爆米花云团是热带云团中尺度最小的一种。这一类云团多发生于南美大陆的热带地区和青藏高原，由一些离散的积雨云群组成。一个直径 100 千米的积雨云群又由 10 个左右的积雨云组成。这种云团主要的特征是存在明显的日变化，一般在午后的若干小时内迅速成长发展到极盛，而爆米花状的实体在夜晚就消失了。

137. 副热带高压带是怎么回事？

海洋中的副热带地区，存在着许多由高气压组成的东西向的高压地带，气象专家把它称为副热带高压带。从赤道到极地的海洋上，副热带高压带的海平面气压是最高的，在它的向赤道一侧，是赤道低压带，在它的向极地一侧，是盛行西风带。副热带高压带的形成是赤道上升气流在地球旋转作用影响下，在副热带下沉的结果。副热带高压在海面附近通常分成许多单个的高压，其中位于北太平洋上的一个副热带高压因中心位于夏威夷群岛附近被称为夏威夷高压，位于北大西洋上的一个副热带高压因中心位于亚速尔群岛附近被称为亚速尔高压。在南半球大洋上的副热带高压则分别被称为南太平洋高压、南印度洋高压和南大西洋高压。北印度洋因为范围较小和受青藏高原的影响，不存在副热带高压。

138. 海上副热带高压的天气有什么特点？

洋面上的副热带高压内部，盛行下沉气流，水平风力微弱,风向不定。由于高压内部空气中的水汽无法上升到高空凝结,因此高压内部通常天气晴朗,卫星云图上是一片深色区。由于云量稀少,太阳辐射几乎毫无阻碍地到达海面,因此副热带高压控制区内海面水温和气温都比较高。在副热带高压的南侧,是赤道辐合带,多对流运动和台风活动;而在副热带高压的北侧,则是西风带系统,低压槽和海面上锋面气旋活动频繁,阴雨天气较多,风力较大。例如,西北太平洋副热带高压的西北侧,受冷空气活动的影响,可以发生比较剧烈的天气。

139. 西北太平洋副热带高压对我国的天气变化有哪些影响?

位于西北太平洋上的副热带高压(简称副高),对我国影响最大的是它的向西伸展的脊,简称为"西伸脊"。西伸脊的位置和强度对我国天气的变化具有重要的影响。盛夏季节,如果西伸脊的位置偏西,则被西伸脊控制的地区赤日炎炎,闷热异常。长江流域8月份经常出现的伏天干旱,就是西伸脊长期控制的结果。如果在副高的南部有台风存在,则台风会在副高西伸脊的引导下深入内地,造成狂风暴雨。如果西伸脊南侧的热带辐合带活跃,则常常为内地的降水输送大量的水汽,与西风带系统的冷空气配合,形成内陆地区的暴雨。

140. 西北太平洋副热带高压与我国的雨带有什么关系?

西北太平洋上副热带高压西伸脊的位置和变化对每天的天气变化影响很大,同时,还决定着影响我国雨带的位置和强度。当西伸脊位置偏南时,造成我国雨带位置偏南；当西伸脊位置偏北时，雨带的位置也偏北。一般而言，春季4—6月份，当西伸脊线位于北纬15度和20度之间时，雨带在南岭附近，是华南地区的前汛期雨季；6月中旬开始，西伸脊线北跳到北纬25度左右，雨带也北移到长江流域，是江淮流域的梅雨季节；7月下旬，西伸脊线再次北跳到北纬30度左右，雨带也北移到华北地区，是盛夏季节华北、东北地区的雨季。

141. 雨带的位置为什么会随季节变化？

雨带为什么会随着季节的变化作南北方向位置的变动呢？要搞清楚这个问题，应当首先弄清楚雨带与冷暖空气的关系。在地球上，赤道海洋上的空气温度高，湿度大；而高纬度大陆上的空气温度低，湿度小，具有完全不同的特点。无论是从赤道海区的暖湿空气，还是从高纬度大陆上的干冷空气来说，一年到头，都在与另一方进行无休无止的"抢夺"地盘的游戏。冬季，冷空气的地盘大，夏季，暖空气再不断地"收复失地"，在冷暖空气相接的"前沿阵地"上，则发生着为冷暖空气的"角力"呐喊助威的风霜雨雪，即雨带。因此，雨带的季节性变化，实际上是连绵的冷暖空气的"前沿阵地"随季节的变动。从冬到夏，暖空气势力不断壮大，雨带随冷暖空气交界面的北进而不断向北移动；从夏到冬，雨带的位置则不断南缩。

142. 西北太平洋副热带高压与雨带的变化有什么关系？

西北太平洋副热带高压（简称副高）控制区的天气阳光灿烂，但雨带的变化与副高关系密切，你知道为什么吗？为了搞清楚这个问题，首先应当知道，副高系统是由相对温暖的空气形成的,它代表的是一团大范围的暖空气。围绕着副高的中心,风场作顺时针的旋转,源源不断地将低纬度海上的暖湿空气输送到与冷空气相接的"前沿"。从高纬度南下的冷空气与暖空气进行的争夺地盘的游戏,从某种意义上来说,是在与副热带高压进行"角力战"。当有新鲜的冷空气加入游戏的行列时,副高会暂时南撤东退,而当冷空气减弱时,副高又会不失时机地抢占失地。在冷空气与副高相遇的西北侧,冷空气由于密度大,"钻"到暖空气的身下,把海洋上增援过来的暖空气高高地举在空中,水汽因之凝结成雨而降落下来。可以这样说,雨带中的"云行雨施"是海上暖湿空气与高纬度干冷空气相互争斗的杰作。缺少了哪一方,都不会有雨带的产生。

143. 你知道马纬度的来历吗?

地球上对纬度的表示,是把赤道作为零纬度,南北两极点作为90度来进行划分的。经度则是将地球在东西方向上分成两个180度,将零度定在英国的格林尼治,分别向东180度和向西180度。例如,青岛的地理纬度是北纬36度,东经120度。但是,在气象、海洋及航海界的书籍、文献和海图中,经常在地球南、北纬25度～35度附近的洋面出现一个马纬度的古怪名字。马纬度是什么纬度呢?

马纬度名字的出现与航海史有密切的关系。出现这个名字的根本原因,是大洋上空的副热带高压。15世纪末期,意大利航海家哥伦布发现了美洲大陆后,殖民主义者蜂拥而至,抢占地盘,掠夺财富。由于美洲缺乏马匹,大量的马匹被从欧洲经大西洋贩运到西印度群岛。当时,机械动力驱动的运输船还没有发明出来,大洋航运靠的是风力驱动的帆船。当浩浩荡荡的帆船队航行到马纬度所在的纬度时,出现了麻烦。连续几个星期海面上平静无风,船队无法航行。加之天气炎热,淡水和粮食用完后,只得宰食马匹。人尚如此,何况马匹。大批饿死或渴死的马匹被投入海中,海面上漂浮着众多的马尸,于是人们就把当时船队所在的纬度称为马纬度了。

为什么马纬度中的天气风力微弱,天气炎热呢?原来,这个纬度恰好就是副热带高压中心经常控制的海区。

144. 什么样的船可以选择马纬度航线?

在以风力驱动的航运史上,马纬度是航运界的"禁区",航海者选择航线时千方百计要避开它。随着科学技术的进步和现代动力驱动船只的出现,帆船航行逐渐变成了一种体育运动。机械动力和核动力变成了海上航运船只和海上军事舰船的主要动力装置。与帆船时代相反,除了进行帆船航行比赛等活动,马纬度不再是海上航行的禁区,反而变成了海上航行的安全坦途。取马纬度的航线进行洲际航行,避免了风浪的袭击,安全性大大增加。即便海面上一丝风也没有,运送马匹时也不需要再将它们扔进大海了。

145. 什么叫东风波?

在热带海洋上空副热带高压区以外靠近赤道一侧,5千米高度以下的东风带里,常存在着一种自东向西传播的热带波动。这类波动与西风带中的波动在移动方向和结构上都有明显的不同,被称为东风波。

东风波的波长一般在1000千米～1500千米之间,少数可达4000千米～5000千米。在卫星云图上,太平洋面上对应的东风波云系为涡旋状,而大西洋面上的东风波云系为对称的、尖顶在北方的V形云系。

146. 东风波如何在海面上移动?

东风波的移动方向一般是自东向西。移动的速度比较稳定,一般为每小时20千米～25千米。因此,在热带海洋上发现东风波后,如果波动的强度变化不大,可以很容易地作出海洋天气预报。东风波从台湾移到广州一带,需要2天左右的时间。当东风波发展、振幅增大时,移动速度会变慢。

在西北太平洋上发生的一些东风波,当向西移过菲律宾后,会沿着副热带高压西南部的气流向西北转向。

147. 东风波可以变成台风吗?

东风波在热带温暖的洋面上移动时,受波动的影响,在波谷附近的暖湿空气会上升凝结,有时可以造成比较大的降水。由于水汽凝结对高层大气的加热可以使海平面的气压下降,促使更多的潮湿空气上升。因此,对于幅度较大、发展迅速的东风波,对流运动导致的凝结潜热释放可以在海面上发展出热带低压,少数可以发展成为台风。

因此,盛夏季节对于海上发展比较迅速的东风波,应当给以足够的重视。因为东风波一般自东向西传播,一旦发展成台风,已到陆地附近,常常使人措手不及。

148. 赤道辐合带是在赤道上吗?

在副热带高压向赤道一侧的海面上空,存在着一条南北半球气流的汇合地带,称为赤道辐合带。赤道辐合带还被称为热带辐合带、赤道锋,是南北半球两个副热带高压之间气压最低、气流汇合的地带。赤道辐合带是热带地区主要的、持久的大型天气系统,有时甚至可以环绕地球一周。但赤道辐合带是在赤道上吗?

赤道辐合带具有明显的季节变化。夏季位置偏北,冬季则偏南。在中南半岛的经度上(东经105度左右),赤道辐合带的活动范围是北纬25度到南纬10度。在热带东太平洋,赤道辐合带一年四季都位于北纬5度附近。因此,赤道辐合带并不出现在赤道上。

149. 赤道辐合带对海上天气有什么影响?

赤道辐合带对热带地区的长、中、短期天气变化都有很大的影响。辐合带中存在的低层辐合上升运动经常使热带低压或台风在辐合带内发展。

辐合带的降水范围通常可达200千米~800千米,最大降水区位于低层辐合最强的气旋性环流区,即风场在北半球呈逆时针旋转特征的区域。辐合带上的天气不是连续的,辐合带上有的部分并无降水。从大尺度进行观察,赤道辐合带为热带低压和台风等涡旋系统的发展提供了有利条件。中南半岛、南海和华南一带的盛夏降水,与赤道辐合带的活动有密切的关系。

150. 从天上降到我国的雨水是从哪里来的?

我国唐朝的"诗仙"李白曾有"君不见黄河之水天上来,奔流到海不复回?"的诗句,描写了黄河水从高原奔腾而下,最终到达大海的过程。从诗句中我们知道,黄河中的水是由降落到大地上的雨水汇集而成的。黄河是中华民族的摇篮之一,我们是否再深入一步,了解降落在我国大地上的雨水从哪里来的呢?

从水分循环的角度来看,有形的水分沿江河流入海洋,海洋蒸发出通常肉眼看不到的水汽到大气中,由大气从空中输送到陆地再变成雨降落到陆地上。但是,由于我国疆域辽阔,导致不同地区降水的水汽来源是不同的。

海洋与陆地降水

我国的西北地区,由于远离海洋,又有青藏高原的阻挡,因此太平洋和印度洋的水汽难以到达。我国西北地区降水的水汽来源主要是大西洋和北冰洋。我国西南地区降水的水汽来源主要是印度洋,也有部分来自太平洋。我国东部地区的降水量大,水汽来源主要是太平洋和印度洋。其中,我国的南海是夏季东部地区降水的一个重要源地。

151. 如何判断飞行航线上有无雷雨发生?

强对流性天气对飞机航行安全的威胁是很大的。当飞机不慎与龙卷风等强雷暴联系上后,其后果常常是非常可怕的。即便是一般的雷暴,对飞机航行的安全也有非常大的影响。对于在平流层飞行的飞机,从起飞到平流层的这段时间也需要避开雷雨的影响。"全天候"的飞行实际上是不存在的。那么,能不能判断飞行航线上有无雷雨发生呢?只要有足够的大气无线电探空观测就可以分析判断出来。

在飞机经过的航线附近,如果大气温度随高度的分布具有不稳定性,则有可能发生雷雨。如果在某个高度以上大气又变得非常稳定,则对流云的云顶高度一般只能达到稳定层的下方。另外,根据雷达探测到航线附近云的形状,也可以作出短期的判断。

152. 海面上风的方向为什么随高度旋转？

地球的表面,无论是陆地还是海面,因为有摩擦的存在,都会起到消耗大气运动能量的作用。在大气动力学中,这种作用常用摩擦力表示。在地球表面的摩擦力、气压水平变化产生的气压梯度力,以及地球旋转对大气运动的影响出现的地转偏向力共同作用下,使风随高度发生方向和强弱的变化。这种风随高度的增加出现旋转的现象被称为爱克曼效应。当达到一定的高度后,地球表面摩擦的作用变得很小,风随高度的变化就比在地球表面附近要小得多了。

153. 为什么夏威夷的天空特别清洁？

太平洋中部的夏威夷群岛是一个美丽的地方。在夏威夷的海滨,海水碧蓝,微风熙熙。极目远方,"秋水共长天一色",天空中没有一丝杂质,"晴空一洗碧如海"。那么,为什么夏威夷的天空如此清洁呢?当然,它与岛上的环境保护有关,但也与"得天独厚"的地理位置有关。

在夏威夷群岛的上空,副热带高压经常以群岛所在的位置作为中心,因此,副热带高压中心的下沉气流将高空的清洁空气不断地向下输送,这就难怪夏威夷群岛的天空特别清洁了。同样的道理,大西洋上亚速尔群岛的天空也特别清洁,南半球副热带高压中心附近的天空和南、北两极地区的天空,也是异常的清洁。在许多地方,秋高气爽的日子里,每年总有几天可以体验到天空特别清洁、赏心悦目的景色。

154. 为什么夏威夷也有几乎天天降水的地区?

副热带高压的一个中心经常位于夏威夷群岛附近。由于高压中心盛行下沉气流,按一般的情况,夏威夷群岛应当是干旱少雨的地区。但是,在岛的一端却存在着年降水量超过10000毫米、古木参天的森林地带。这是什么原因呢?

原来,夏威夷群岛是多山的岛屿。在岛的一端,存在着从海上持续不断地向岛上吹刮的气流。由于海上的空气中水汽含量大,气流沿山坡上升,到高处凝结成雨降落,因此在山顶区域,天天都有降水。

155. 夏威夷的降水量为什么存在巨大的差别?

在世界地图上,夏威夷群岛的面积非常有限。在夏威夷首府火奴鲁鲁所在的瓦胡岛上,年降水量的差别非常大。最多的山顶附近年降水量超过10000毫米,而同样位于瓦胡岛上降水量少的地区却只有300毫米左右。由于夏威夷位于副热带,蒸发特别强,降水量少的地区山岩裸露,树木稀少,空气也非常干燥。为什么会存在这样大的差别呢?这是由于岛上地形的作用造成的。

在海岛山脉的迎风坡一侧,雨量充沛,而在山脉的背风坡一侧,由于从山顶翻越而过的空气中的水分大部分已经凝结降落在迎风坡一侧,水分含量少,当然降水量就不大了。

156. 夏季我国东北为什么容易有暴雨?

在盛夏季节,冷暖空气的"前沿阵地"已经移到华北地区,冷暖空气交汇在黄河中下游地区,在那里,气旋容易发生和发展。当黄河气旋经华北进入渤海,又移到东北的时候,渤海海面提供的大量水汽在

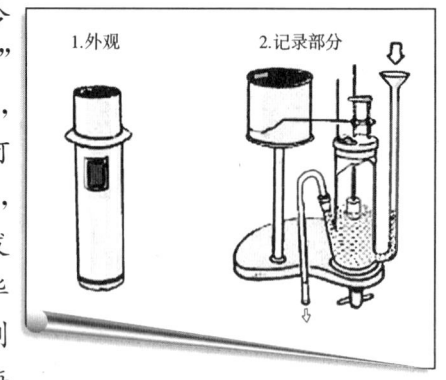

雨量计

气旋中上升和凝结,使黄河气旋很快发展起来。当势力已经强大的气旋移到东北的时候,气旋外围的气流又将渤海海面上的潮湿空气源源不断地输送到气旋中心附近,这样就容易造成东北地区的暴雨天气。

157. 为什么梅雨季节长江口地区容易受气旋的影响?

在每年6、7月份的梅雨季节,冷、暖空气的战线在长江中下游、东海到日本的狭长地带展开。这条战线被称为梅雨锋。每当有从青藏高原上空移过来的波动"扭曲"梅雨锋"线"时,地面就出现包含暖锋和冷锋的江淮气旋。江淮气旋在高空波状气流的"引导"下,移动的方向常常选择长江口作为出海的地点。另外,受青藏高原的影响,高原的东侧多气旋发生,生成的气旋在沿西风带向东移动的过程中,也容易影响到长江口地区。

158. 如何判断风暴即将来临?

在浩瀚的海洋上航行,除了通过无线电收听天气变化以外,还可以通过观察海面波浪的形状来判断远处是否有风暴向航线移动。人们根据什么特征作出判断呢?

无情的风暴使其影响下的海面泡沫飞舞,波涛汹涌。然而,许多滔天的巨浪由于波长比较短,在从风暴区向外传播的过程中消失得很快。但由风暴激起的长波却可以传播到很远的海域。离风暴越远,长波的波面就越光滑。另外,波长越长的波传播速度越快,因此,在离风暴一定距离的范围内,就可以根据长波的形状和传播方向判断风暴是否将要来临了。

159. 对航海安全威胁最大的天气系统有哪些？

对航海安全影响最大的气象要素主要是风以及由风导致的波浪、海流等其他因素。因此，对出现大风、风暴的海上天气系统变化和移动的及时了解是海上航行应具备的基本条件。在热带海洋中，台风、飑线、东风波等天气系统的变化和移动，中、高纬度海洋上的"气象炸弹"爆发性气旋，寒潮冷锋等系统的变化和移动，冷暖海水界面附近的海雾，极地海区因风生海流对浮冰（冰山）

气象与航海

移动的影响，以及特殊海陆地形出现的大风（如非洲的好望角、海峡）等等，都是保证航海安全所必须注意的。

160. 是谁最早给风力编队的？

风是空气流动的结果。但如何来表示风力的强弱呢？由于空气是透明的，在无法直接测量流动速度的古代，只能从风对其他物品的影响来大体确定风力的大小。

中华民族是勤劳智慧的民族。我们国家有五千年的文明史。我国的汉晋时期，就出现了测量风向、风力的相风铜鸟，最早给风进行了编队。按照风对树、木、沙、石的影响，最早的风力编队分为8级：动叶、鸣条、摇枝、坠叶、折小枝、折大枝、折木飞沙石或伐木、拔树等。

161. 现代应用的风级是谁最早提出的?

现代一般常用的0级～12级的风级概念是谁最早提出来的?它不是由气象学家提出的,而是由英国的海军上将蒲福在1805年对风力进行的"军事编队"。在17世纪发明的风力观测仪器就可以较为精确地测量风速了,在此基础上,蒲福将每一级风对应了不同的风速范围。由于风力分级的方法具有科学、相对精确、通俗、容易应用等特点,因此,到现在世界上还一直应用蒲福确定的风力等级。

162. 如何根据海面状况判断风力的大小?

在陆地上,通过观察树木、沙石的摇动飞扬可以判断出风力的强弱,但在既无树木也无沙石的大洋上,对风力大小的判断就只能通过海面的状况进行判断了。

同学们外出旅行时,一般没有人会随身带着风速计。但是,根据下面给出的蒲福风级以及对应的陆地或海洋征象,从树木沙石、海面波涛起伏中,还是可以判断出你们经历的风速大小的。

蒲福风级

风级	名称	风速范围(每秒米)	陆上特征	海上特征
0	无风	0.0～0.2	静,烟直上	海面如镜
1	软风	0.3～1.5	烟能表示风向	鱼鳞状涟漪
2	轻风	1.6～3.3	树枝有微响	小波,波顶未破碎

续上表

风级	名称	风速范围(每秒米)	陆上特征	海上特征
3	微风	3.4～5.4	旌旗展开	小波峰顶破碎
4	和风	5.5～7.9	吹起灰尘纸张	频繁出现白浪
5	清劲风	8.0～10.7	有叶小枝摇动	出现显著长峰中浪
6	强风	10.8～13.8	大树枝摇动，举伞困难	开始形成大浪，白色，波峰顶飞沫到处可见
7	疾风	13.9～17.1	全树摇动，迎风步行困难	风开始将白色飞沫沿风向吹成条纹
8	大风	17.2～20.7	折毁树枝	白飞沫吹成明显条纹
9	烈风	20.8～24.4	烟囱屋顶受损坏	风浪倒卷影响能见度
10	狂风	24.5～28.4	拔树毁屋，少见	波涛汹涌，咆哮轰鸣
11	暴风	28.5～32.6	陆上少见	波峰边缘全吹成泡沫
12	飓风	大于32.7	摧毁力极大	空中充满飞沫浪花

163. 影响海上军事行动的气象因素有哪些?

海洋上的军事行动与陆地上差别很大。海洋上的天气条件对于军事行动的成败具有生死攸关的影响。那么,都有哪些气象因素对舰艇的停泊和航行安全,对拟定作战计划和实施海上战斗有直接的影响呢?

一般来说,风、气温、云、雾、降水、湿度对海上军事活动都有非常大的直接影响。由于雷达在现代军事活动中的重要作用使影响雷达回波的大气环境条件(海上大气温度和湿度在垂直方向的变化)变为一个至关重要的气象因素。

164. 谁为雷达提供"千里眼"?

军事行动的隐蔽性常常是克敌制胜的法宝。但作为防御的一方,如果能在千里之外"看"到敌人的舰艇,及早做好战斗准备,则侵略之敌在开战之前就离失败不远了。雷达是监测空中飞机和海面舰艇的有效仪器,但由于雷达的电波只能直线传播,受地球球面弯曲的影响,不能发现距离稍远的海上舰艇。但是,有的时候,同样的雷达也可以发现几千里远处的舰艇,这不是神了吗?是谁给雷达提供了"千里眼"呢?是低空大气波导!所谓大气波导,就是在合适的大气层结(温度随高度的分布)条件下,雷达的电波受大气层结作用的限制,在海面至某一高度内向前传播。

165. 风对海上军事行动有什么影响?

风是海洋气象的一种基本要素。风对海上军事行动的影响分为直接影响和间接影响。大风可以直接影响飞机的起降,影响舰艇、飞机的航向、航速,影响海军兵器的使用,如造成炮弹、导弹弹道的改变,影响弹着点。海战虽然不能像陆战那样"顺风放火"打击敌人,但海上化学作战时,风向、风速则是必须要考虑的因素。风暴则更是海上军事行动必须时时防范的,以躲避台风等剧烈的天气。

风造成的浪涛和海流对军事活动也有非常大的影响。风浪对舰艇的颠簸使舰艇摇摆,难以操纵,容易造成舰艇的碰撞和搁浅。海流则会影响舰艇、潜水艇的航向和航速,在航道复杂时也会造成危险。

166. 空气中的水分对海上军事行动有什么影响?

空气中的水汽含量达到或接近饱和时,空气的相对湿度就会很大。一般来说,海上空气的湿度都高于陆地空气的湿度。那么,海上军事行动要不要考虑空气湿度的影响呢?

人在湿度大的环境中生活,特别是在寒冷、潮湿的空

气环境中生活久了,容易得关节炎。而在温度高、湿度大的高温海区,汗水不容易被蒸发,因此人容易得皮肤病。在高湿度的环境下,被褥、粮食容易发生霉变,对人的健康构成威胁。因此,保持人员的战斗力,需要考虑湿度的影响。另外,高湿度环境中,钢铁制品容易生锈,弹药易于受潮,这些因素对海上的军事活动都有比较大的影响。

167. 海雾对现代海战有什么影响?

在古代或近代陆地上的军事战争中,雾对军事行动的掩蔽作用常常决定战役的胜负。隋朝末年,农民起义领袖窦建德在河北的一次战斗中率领280名壮士,在迷茫的大雾中突入隋军大营,大败隋军。1895年3月9日,日军利用大雾天气调集兵力攻击我国东北田庄台的清朝军队。等到雾气略淡,清军守将登城发现日军进犯,急忙调兵抵抗。清朝军队虽然殊死奋战,但由于腹背受敌,战死2000余人,最终兵败城陷。

海雾对战争胜利也具有决定性的作用。1905年,俄罗斯的太平洋第二分舰队利用大雾通过对马海峡,目的地为海参崴。在关键的时刻,一艘由贵族妇女组成的海上卫生船"奥勒尔"号不听从灯火管制的命令,使日本巡洋舰"信沈"号透过雾霭发现了移动的灯光,并借雾跟踪发现了俄罗斯的舰队。最终俄罗斯舰队在日本联合舰队的截击下遭受了毁灭性的打击。1982年,英国和阿根廷在马尔维纳斯群岛海战中,英军利用大雾在阿格拉达布莱湾登陆,完成对阿军的南北夹击和海陆合围,经过激战又夺回了对马尔维纳斯群岛的控制权。

168. 云对海上军事活动有什么影响?

海面上的云对海上军事活动的影响也不可低估,尤其是低云对水面舰艇的影响更大。低空的云雾妨碍了舰艇对空中目标的观察,发现不了敌方飞机就容易丧失己方飞机起飞应敌的机会,变得被动挨打。即便发现空中的敌机,云雾的存在也会影响对空射击的效果。1941年日军飞机偷袭美国珍珠港海军基地时,就是借着云层的掩护飞向海岛上空,使美军措手不及,遭受重大损失的。1982年,英国和阿根廷的马尔维纳斯群岛海战中,阿军的飞机也是利用低空云雾(云离海面仅有150米高)的掩护,逼近英舰"谢菲尔德"号,用两枚鱼雷将其击沉的。

169. 英国海军是怎样利用天气战胜西班牙"无敌舰队"的?

在400多年前,欧洲最富有的海上强国是西班牙。凭借一支实力强大的海军,西班牙人在地中海和大西洋横行无忌,千余艘帆船战舰组成的舰队被骄傲地自称为"无敌舰队"。这样一支舰队后来被英国海军利用天气在英吉利海峡击败。你知道那是一种什么天气吗?

当时战斗中的英军舰队不到 200 艘战舰。但是,他们却准备了 8 艘装满油脂、沥青和干草的船只,乘着海峡中的浓雾和西南大风,顺潮顺流隐蔽地接近了"无敌舰队",点燃了敌人的船只。在英军突然进行火攻的袭击下,西班牙舰队一片混乱,损失惨重。后来,由于英军舰队的炮弹打光了,才没有使"无敌舰队"全军覆没。

"无敌舰队"的残部在返回西班牙的途中又遭到风暴的袭击,许多舰船葬身于海底,从此,它彻底地失去了与英国海军争夺"海上霸主"的实力。

170. 诺曼底登陆战役为什么选在 6 月份进行?

1944 年 6 月 6 日,美英联军渡过英吉利海峡,在德国军队占领下的法国诺曼底海岸进行了一次成功的登陆战役,开辟了消灭德国法西斯的第二战场。为什么要选择在 6 月份而不是其他时间呢?

原来,这次横渡英吉利海峡的战役,是一次极其冒险的军事行动。攻占滩头阵地的强击艇、水陆两栖坦克,需要趁拂晓后 40 分钟潮水涨到一半时靠岸;在满潮前的几小时内,还必须有月光,1500 米以下空中的低云量不能超过 5 成,能见度至少 5000 米,以便能在空中辨明目标,进行轰炸和空运。1 个月内能满足这种潮水的条件只有 6 天,满足月光要求的条件也只有 3 天。

美国和英国从 1942 年就开始对英吉利海峡及其海岸地区的天气气候情况进行研究,根据历史资料分析,认为同时满足登陆条件的时间主要出现在 5—7 月份,而 6 月份出现的可能性最大。因此,6 月 5 日就被暂定为登陆战役的行动日。

171. 谁为诺曼底登陆战役提供了急需的天气预报？

诺曼底登陆战役原定于1944年6月5日进行行动。但6月4日这一天,海峡地区狂风怒吼,恶浪翻滚,晚上又下起了倾盆大雨。美英联军的高级将领们焦急万分,因为如果天气不好,失去6月初登陆的时机,则至少要推迟半个月以上才能再次行动,并且要冒着泄露秘密的巨大风险。

在将领们几乎要绝望的时候,从美国传来了当时最有名的气象学家罗斯贝的天气预报:6月5日有风暴通过英吉利海峡,6日有适宜登陆的天气。在得到气象联合小组的证实后,美英联军总司令艾森豪威尔在6月5日凌晨正式发出战斗命令,登陆行动于6月6日开始。

172. 诺曼底登陆战役前德国气象人员的天气预报如何间接影响了战局？

在诺曼底登陆战役中,德国气象人员不准确的天气预报使德军将领作出了错误的判断,造成了反登陆战役的失败。

英国在欧洲大陆的西方,在气流方向上位于法国的上游。战争时期美英对气象资料进行了封锁。德国气象专家在资料缺乏的情况下,虽然也预报出了6月4日的低压风暴,但他们认为,这次风暴持续的时间较长,受其影响,美英联军至少半个月不会采取行动。根据这份不准确的天气预报,德军司令隆美尔元帅认为,美英联军根本不可能最近组织登陆作战,因此,他本人干脆在6月5日回德国本土祝贺妻子的生日去了,临走前还交代:目前气候恶劣,可以考虑休整一下。

德军将领的错误决策造成了无可挽回的失败。不准确的天气预报在这个错误决策的决定中起到了很大的作用。

173. 天气在郑成功光复台湾的战斗中起了什么作用?

我国的民族英雄郑成功从荷兰殖民主义者手中光复了台湾岛。在光复台湾的战斗中,海上天气对郑家军取得战斗胜利的帮助是很大的。

海上军事活动

在登陆战役中,郑军利用弥漫的浓雾做掩护,从北水道顺利突入鹿耳门港。荷兰殖民军惊呼"兵自天降",被打得措手不及,郑军只用了两个多小时就取得了登陆的胜利。郑成功在台湾作战的时期,也是西南季风盛行的季节。荷兰殖民军的通讯船经过50多天的逆风行驶才逃到巴达维亚,报告了荷兰军在台湾战败的消息。

当年7月,荷兰殖民当局的增援舰队在台湾附近海面与郑成功的军队展开了一场海战。敌舰想顺风乘潮猛扑过来,但风向却发生了逆转,使敌舰前进滞缓,无法进入预先攻击位置,陷入了郑成功军队的伏击圈内。荷兰殖民军的2艘战舰被击沉,3艘小艇被俘获,480人被消灭。

174. 东海与长江中下游地区的梅雨有关系吗?

在每年的6、7月间,我国的长江中下游地区和东海都进入阴雨连绵的梅雨季节。这些地区的雨季都是通过一个叫作梅雨锋的天气系统联系在一起的。

造成梅雨的主要天气系统是梅雨锋面。锋面就是冷、暖空气交界的"前沿地区"。梅雨锋的南侧是来自热带海洋的暖湿空气,梅雨锋的北侧是来自高纬度亚洲大陆上的低温干燥空气。由于来自陆地的低温干燥空气密度大,将来自热带洋面上的暖湿空气抬升在空中,使得梅雨锋附近的天空经常阴云密布,雨水纷纷。由于长时间空气湿度大,物品容易生霉,因此人们又把梅雨称为"霉雨"。

175. 夏季乘船旅行,应注意什么天气?

夏季陆地上天气炎热,而海上则相对舒服得多。相对春季和秋季,夏季海上的风速要小得多。因此,夏季乘坐旅游船只,在碧波万顷的大海上欣赏美丽的风光,品尝鲜美可口的海鲜,也是一件使人愉快的事情。但如果遇到风浪,则晕船者不免肚腹中要"翻江倒海"般地痛苦一番。夏季是海上台风、东风波的多发季节,所以夏季乘船远航,主要应注意台风等热带天气系统。

乘风破浪航行

176. 春季和秋季乘船去日本,应注意什么天气?

日本的东京、大阪等城市都位于温带地区。春季影响温带地区的天气系统主要是锋面和气旋。锋面气旋常

海上航行作业

常在海上造成大风,风浪对船的颠簸容易使人晕船。秋季海水表面的温度较高,台风经常在我国的近海或远海转向,影响日本及其沿海的天气。因此,相对而言,秋季应当多留神台风对航道的影响。

177. 人造气象卫星的意义有多大?

同学们已经非常熟悉地球表面海洋和陆地的分布比例,海洋占地球表面积的70%还要多。大家还知道另一个事实,那就是地球上的大气覆盖了整个地球的表面。如果对海上气象信息所知甚少,是无法作出较为准确的海洋气象预报的。但是,由于在海洋上进行气象观测的费用很高,除了宝贵的海岛气象资料外,要想在大范围的海面上取得定时的气象观测资料是不可能的。人造气象卫星出现后,就可以为海洋天气预报提供大范围的气象信息,大大提高了海洋气象预报的准确程度。人造气象卫星还有其他许多用途,如对海面状况的监测、环境状况的监测、森林火灾的监测、地形测量、农作物产量的估计等等。

178. 世界上最早的气象卫星是哪一年发射的?

最早专门用于气象观测的气象卫星是美国在1960年4月1日发射的"泰罗斯1"号。"泰罗斯"是英文的缩写,它的全称是"电视和红外辐射观测卫星"。自从美国率先发射气象卫星以后,随后,前苏联、日本、欧洲航天局及印度等也都先后拥有了自己的气象卫星。

179. 我国是从哪一年开始拥有气象卫星的?

我国于1988年9月7日成功地发射了第一颗极轨

气象卫星"风云1"号。1990年9月3日又发射了第二颗气象卫星。1997年6月10日,又发射了"风云2"号地球同步气象卫星,6月17日该卫星成功地定点于东经105度的赤道上空。

180. 什么叫极轨气象卫星?

气象卫星沿着近极地太阳同步轨道运行的叫极轨气象卫星。它的轨道近似为椭圆,轨道平面和太阳光线保持固定的交角,离地球最近点600千米,最远点1500千米,每隔12小时左右的时间向地面发送卫星云图等全球性气象信息。极轨气象卫星的优越性在于,一颗卫星可以观测全球气象信息的变化。它的局限性在于观测的气象信息的时间分辨率比较低,因为一次覆盖地球全部表面的观测需要几天的时间。

气象卫星监测天气

181. 什么叫地球同步气象卫星？

沿着地球赤道圆形轨道，运行角速度与地球自转角速度相同的气象卫星叫地球同步气象卫星。由于与地球的旋转速度相同，因此卫星始终"静止"在地球上空的某一经度上，所以这种卫星还可以被叫作地球静止气象卫星。地球同步卫星的高度较高，在赤道上空大约35800千米的高度上，俯瞰地球表面南北50个纬距，东西100个经距的圆形范围。大约每半个小时向地面发送一次气象和海洋信息资料。

182. 通过气象卫星可以了解哪些气象要素？

在常规的气象观测中，从气象观测场中的地温表、百叶箱中的温度计、观测室中的气压表、风向风速仪等测量仪器，可以知道土壤的温度、气温和湿度、气压、风向和风速等等。那么，通过气象卫星可以知道哪些气象要素呢？

与地面气象观测不同的是，气象卫星可以提供地球表面陆地和海洋上大面积的云图。这些卫星云图可以直观地展现出云系、风暴、雨、雾等气象状况。再通过对气象卫星遥感资料的分析处理，又可以得到海面的高度、海水表面温度的分布、海面风的分布等气象要素资料。比如，美国通过对气象卫星资料的分析处理，可以得到每半小时一次的热带和温带海面风场的资料。所以，对气象卫星遥感分析技术的研究和提高，正是当今世界各国科学家致力解决的热点问题。

183. 气象卫星发回的云图有几种？

按照气象卫星遥感仪器选用探测波段的不同，卫星云图分为可见光云图和红外云图两种。可见光云图是通过地球表面物体或云体对太阳光线的反射强度得到的，太阳光线的反射越强，图像越白。因此，在云层厚的地区，如台风等系统的强对流云系在云图上就显得特别白。而在无云的地区，如副热带高压的中心地带，则图像昏暗。可见，光云图只有白天才有，而红外云图由于不依赖于阳光的反射，昼夜都可以得到。红外云图的色调由气象卫星遥感仪器接收的辐射量的大小确定。辐射量小的区域图像明亮，而辐射量大的区域图像黑暗。地球表面上空的云层对地球表面的红外长波辐射起阻碍作用，因此，云量越大，对红外辐射的阻碍就越强，红外云图上的图像就显得越白。

184. 气象卫星如何"窥视"海面上的风？

在常规气象风的观测中，风向、风速是通过固定在离地面一定高度上的仪器测定的。对高空风的测定则是利用雷达探测到的探空气球的位置变化得到的。如何利用气象卫星的遥感资料得到海面附近和海面以上风的方向和速度呢？

在有云存在的情况下，可以通过分析云位置的移动得出风的方向和速度。在无云的情况下，主要通过分析海面波浪的形状得出海面附近风的分布特征。因此，仅仅只有卫星观测资料，不能直接得到海面风的结果，还必须借助于对遥感资料的分析处理技术。

185. 海市蜃楼是一种什么现象？

海市蜃楼是发生在大气中的光学现象。它与空气的成层结构和太阳光在成层大气中的反射和折射有关。当你把筷子的一半放到水里,你会发现筷子好像弯折了,这就是光线通过不同密度介质发生的折射现象。太阳光线经过许多不同密度空气层时容易发生显著的反射和折射,把远处景物显示在空中或地平线以下。这些显示在空中或地平线以下的奇异景象被称为"蜃景"。在沿海或沙漠地区,大气容易出现成层的结构,因此海市蜃楼多出现在沿海和沙漠地区。古人认为海市是神仙居住的地方,我国山东半岛上的蓬莱以外海面,自古以来以海市蜃楼而闻名于世。神话传说中的"海外三仙山",蓬莱、瀛洲、方丈都在蓬莱的外海,这可能与蓬莱海面大气中的海市蜃楼有关吧。

186. 海市蜃楼中的景象来自何方?

提起海市蜃楼,许多人常将它与虚幻缥缈相提并论。海市蜃楼若隐若现,变幻无穷是真,但它并不是"虚无"的

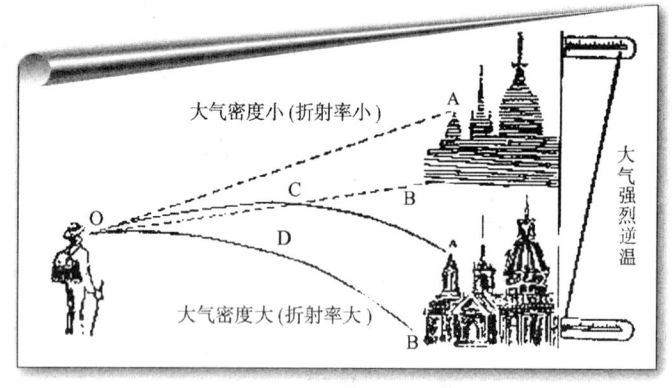

海市蜃楼

东西,它所显现的景象都有实物作为依托。例如,2000年的青岛春季,在栈桥附近海面上出现的部分蜃景就是离青岛不远地区景象的反映。由于空气不可能完全处于静止状态,空气的流动对空气层结状态的改变使得蜃景复杂多变,所折射的景象远近变化很大。但无论如何,海市蜃楼中的景象都是现实世界中的"曲折"反映。

187. 海市蜃楼中的图像有规律吗?

海市蜃楼中的景象虽然变幻无穷,但根据空气层结的特点大体可以将蜃景归结为几种类型。当暖空气移到冷海面上,气温的垂直结构为下冷上暖时,由于低层空气的密度比上层大得多,太阳光线向下面空气密度大的一方折射,使远处目标物的影像向上抬升,如海岛、舰船、海冰等景物显现在实际位置的上方,就会构成"上现蜃景"。

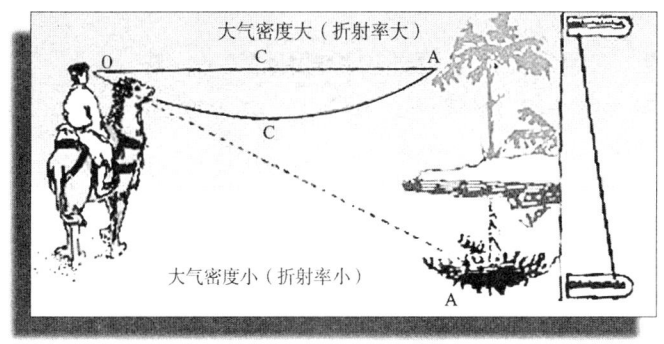

海市蜃楼

当空气的层结呈现下热上冷时,上层空气的温度低,密度相对较大,射到底层的阳光便会折回上层空气,使陆地或海洋表面的景物下降,看起来远处的景物位于地平线以下,有时呈现倒立状态,就形成了"下现蜃景"。当空气处于不稳定状态时,出现的蜃景会一会儿升在半空,一会儿又沉映在海面,构成"复杂蜃景"。

188. 在船体上结的冰叫什么名字?

冬季在高纬度海区航行的船只,有时船身上凝结一层光滑透明的薄冰,舰船像穿上了壮观的冰晶外衣。虽然"船服"晶莹剔透,但由于甲板滑,给人在船上的活动造成很多不便甚至危险。

这些薄冰在气象学中有一个专门的名字,叫作雨凇。雨凇是过冷却雨滴或毛毛雨在降落过程中遇到温度在冰点以下物体,在物体上迅速冻结而形成的透明或半透明的冰层。什么是过冷却雨滴呢?过冷却雨滴就是温度低于冰点0℃还没有冻结的雨滴。

189. 大气中为什么存在过冷却雨滴?

我们知道,水温降到0℃以下会结冰,但为什么大气中的某些雨滴在温度低于0℃还没有冻结成冰呢?这与雨滴的杂质含量有关,也与雨滴的大小有关。

实验证明,当水中除去杂质后,过冷却水滴一般在零下33℃到零下44℃范围内冻结。水滴越大,冻结需要的温度越低。当过冷却水滴中含有固态粒子时,在粒子表面力场的作用下,水分子容易束缚在粒子的表面,并固定在冰格中,使之不受分子的热碰撞而破坏。因此,过冷却雨滴中含有固态粒子时,冻结的温度就可以相对更高一些。因此,当过冷却雨滴遇到物体时,在物体表面形成雨凇的另一个原因则是由于在固体表面它的冻结温度提高了。

冻雨

190. 雨凇多见于船体的哪一面？

海面上的风向复杂多变,但在出现雨凇的时候则非常容易判断平均风的方向。由于雨凇的形成需要有降水,

雨凇

雨滴在海面风的吹送下常常呈斜线降落,因此,在迎风一侧的船体上冻结的雨凇厚度明显地大于背风一侧的厚度。

191. 雨凇多出现在什么季节?

在海面或地面上出现雨凇的一个必要条件是,形成雨凇的物体表面温度要在冰点以下。因此,海面或地面附近的雨凇多出现在中、高纬度的冬季。当出现大面积的雨凇天气时,表明大范围内受冷空气的影响,会出现比较大的冻害。因为,冻结在树木和蔬菜上的雨凇可以将树木冻死或压折,严寒会使畜牧区的牲畜被冻死,铁轨上的雨凇使火车车轮与铁轨的摩擦减小,影响运输安全,电线上的积冰也有可能压断电线,出现电信事故。

雪凇

192. 雅加达的雷雨为什么会报时?

位于赤道附近的印度尼西亚正处于太平洋和印度洋

的结合部位,海洋很大一部分能量,通过中心在印度尼西亚地区的大气强对流中心区域进入大气。作为沃克环流上升支所在的区域,印度尼西亚多对流性降水。但印度尼西亚的首都雅加达的降水,还存在着一种特殊的准时性。一般情况下,雅加达每天早晨霞光万丈,正午浓云压顶,闷热异常,下午两三点钟雷雨交加,四五点钟后云收雨散,晴空万里。因此,当地人把这种降水叫作"报时雨"。雅加达的雷雨为什么具有这种准时性?现在还没有明确的答案。希望对海洋气象有兴趣的同学将来能揭开这"报时雨"之谜。

193. 印度洋上的"偶极型现象"怎样影响亚洲的天气?

2001年7月,日本列岛大部分地区呈持续高温天气,最高温度达39.6℃。日本的海洋气象学家经过研究,认为是印度洋上发生的"偶极型现象"导致了这种高温天气。

什么是"偶极型现象"呢?印度洋西部海水温度比东部大约高2℃,并且有强劲的东风,就是所谓东低西高的"偶极型现象"。这种现象发生的原因是,在赤道附近生成的东风使西太平洋热带的暖水团流入东印度洋,进而流向西印度洋,它阻止了西印度洋深层冷水的上涌,导致海面水温上升,而印度洋东部则由于深层冷水的上涌而降低了海面温度。

这种现象发生时,不但影响日本的气温,还会影响其他地区的天气。非洲东部会下大雨,印度尼西亚一带则发生干旱。与此同时,中国南部和菲律宾会出现多雨天气,而日本和朝鲜半岛则会出现持续高温少雨天气。日本气象学家通过对气象观测数据进行分析后确认,这种现象在过去40年间发生过6次。

194. 为什么北印度洋上没有副热带高压?

在全球大洋洋面的副热带地区,几乎都存在着一个强大的副热带高压系统,而唯独北印度洋没有。原因在什么地方呢?从赤道大洋高温洋面的位置和大气上升运动来看,赤道印度洋西部由于没有明显的高温海水,夏季甚至是相对低温的海水,因此赤道印度洋西部大气中没有明显的上升气流;而北印度洋北侧的青藏高原在夏季被太阳强烈加热,出现高原上空气流上升,赤道区域则是下沉的反向气流。上述两种因素都不利于北印度洋副热带气流的下沉,因此也就不会出现副热带高压。

195. 为什么海面风速比陆地风速大?

无论是实际的航海经验还是气象观测的结果都证明,海面上的风速比陆地上的风速要强劲得多。为什么海面上的风速比陆地风速大?这是由许多原因造成的。

当陆地温度与海面温度相差不大的时候,海面对风的摩擦阻碍作用小得多是造成海面风速大的主要原因。当海水温度高于陆地表面温度的时候,气旋等低值天气系统入海后,由于凝结潜热释放对系统发展的促进作用,系统发展使风速增大是主要原因;夏季海上风暴强度大于陆地的原因是风暴登陆后,水汽的供应量大为减少,风暴强度的减弱是陆地风速小于海面风速的主要原因。

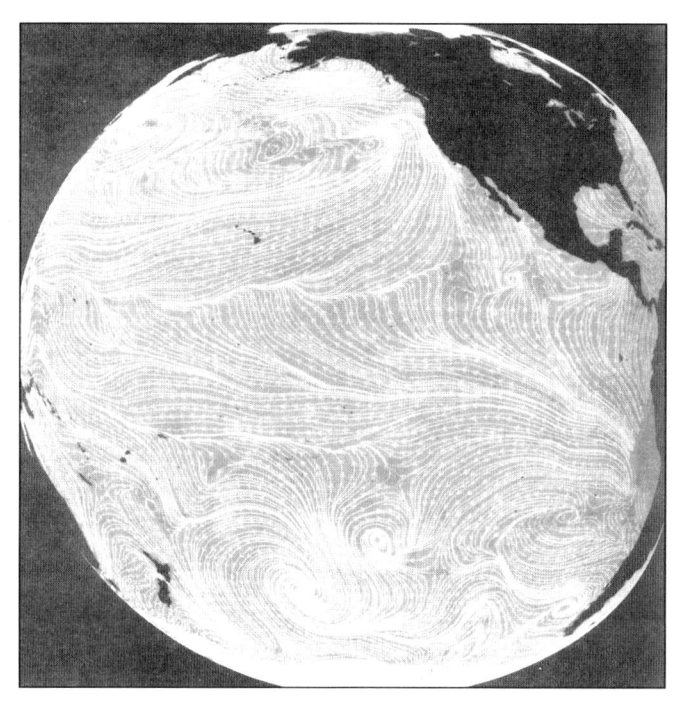

海上风

196. 什么是濛雨？

濛雨是发生在我国南海北部地区的一种低云和雾伴有毛毛雨的天气。濛雨主要出现在北纬18度以北的近海和沿岸地区，尤其以琼州海峡和北部湾沿海最显著。一次濛雨一般持续3天～4天，最长可持续10天以上。

濛雨的出现具有非常明显的季节性特点。它只在晚冬出现，一般每月有10天～15天，出现最多的月份为每年的3月和4月。在地区分布上，具有从东向西逐渐增多的特点。主要集中在珠江口至北部湾一带。

197. 濛雨的发生与海洋有关吗？

濛雨的发生与南海有密切的关系。当冬季从北方南下的冷锋到达南海后，冷锋后部的冷高压受南海海面的影响逐渐变暖，湿度增大。高压南部的气流把南海上的暖湿气流输送到较冷的陆地表面上产生凝结，容易形成低云、雾和毛毛雨，出现濛雨天气。

198. 为什么夏天有时雨多，有时雨少？

在我国的东部，无论在哪个地区，夏季有的时候天气非常热，但降水很少，而有的时候却阴雨连绵，经常暴雨倾盆。原因在哪里呢？

实际上造成降雨的主要原因是充足的水汽输送和上升运动。夏季我国的东部地区由于受西南季风的影响和西北太平洋的影响，水汽的供应一般不成问题。天气系统造成的上升运动区的位置一般就决定了降水区的位置。如果冷暖空气交界的前沿地区（锋面）长期在某个位置上徘徊，则这个区域的天空就会经常淋漓不断地降水；如果某个区域长期被副热带高压控制，则这个区域就会出现持续的高温、干旱。

海洋气象

感受海洋冷暖

199. 是谁驱使热浪滚滚？

炎炎夏日，有时连续多日酷热异常，热浪滚滚，中暑者不断出现。是谁将大气的"脾气"变得如此火爆？

经过对比分析，气象专家们发现了许多出现火炉一样天气的地方都位于副热带。进一步的分析还表明，大范围高温空气的侵入，即热浪的发生，大部分与副  热带高压的长期控制有关。由于副热带高压的内部是下沉气流，晴空万里，风力微弱，太阳光热没有阻碍地到达地面，加之夏季副热带地区的日照时间既长又强烈，在强烈阳光长时间的烤炙下，高温热浪的出现就毫不奇怪了。

200. 世界上最热的地方在哪里？

世界上最热的地方也可以称为"热极"，但根据过去的观测，热极不止一个，并且经过一些年就有新的变动。不过，有一点比较确定，那就是"热极"的位置无论怎么移动，都不离开北半球。

1879年7月，非洲阿尔及利亚的瓦格拉测到了53.6℃的高温，在此后的30多年里它一直是世界的最高

气温记录。到了1913年7月,在美国加利福尼亚的岱斯谷中又测得了56.7℃的气温,夺得了世界新热极的称号。再过10年,1922年9月13日,热极的称号又被非洲夺回,在利比亚的加里延,最高气温达到57.8℃。11年后,美洲大陆并列出现热极,在墨西哥的圣路易斯,1933年8月的最高气温也达到了57.8℃。

201. 世界热极为什么不在海岛上出现?

世界热极为什么总喜欢北半球?它的主要原因还是海洋和陆地的热力性质不同。南半球除了澳大利亚的大片陆地外,基本上被海洋占据。而北半球的陆地面积则远大于南半球。由于海水的热容量远远大于土壤的热容量,即相同的太阳辐射,加热相同面积的海面和陆面,造成的空气升温幅度在海面上要小得多。我国号称"火炉"的城市虽然不少,并且这些城市大部分位于副热带,但由于夏季影响我国的季风气流来自热带洋面上,所以"火炉"中的温度与世界热极的温度相比要低得多。吐鲁番虽然保持着我国气温的最高记录,达到48.9℃,但由于吐鲁番的地理纬度较高,在最热季节得到的太阳辐射量没有世界热极地区得到的多,因而也难以在世界上"称雄"。

世界热极出现的地方都位于北半球的副热带大陆上。出现气温最高记录的时期受海洋的影响最小。

202. 大西洋中的副热带高压夏季"关照"哪里?

在大西洋的副热带地区,有一个副热带高压,被称为大西洋副热带高压。它冬天隐居在大洋深处,夏季西进扩展到美国、墨西哥、西印度群岛一带,使这些地区出现高温热浪。1980年6—9月,受大西洋副热带高压的影响,美国20多个州受到热浪的袭击,持续高温达到39℃,有1265人在热浪中丧生。

203. 我国哪些地区出现热浪与西太平洋副高有关?

西北太平洋副热带地区的高压被称为西太平洋副热带高压。它在冬季的时候撤退到大洋的中部,春天开始向西挺进,盛夏时的中心位置可以到达北纬30度以北。1997年,青岛地区的气温创37.2℃的历史最高记录,就是由于受副热带高压的控制造成的。当华北地区进入雨季,

高温热浪

副热带高压常常位于长江流域。根据对历史气象资料的统计,长江流域夏季持续3天～5天超过35℃的高温天气都是由于副热带高压的直接控制所造成的。副高越强,持续时间愈久,造成的炎热天气则愈剧烈。

一般来说,西太平洋副高是我国东部沿海地区高温热浪形成的主要天气系统。

204. 空梅与副热带高压有什么关系?

当西太平洋副热带高压的季节变化出现异常,在6—7月过早地盘踞在长江流域时,常常造成江淮流域的空梅(梅雨季节无梅雨),并且造成江淮流域的高温热浪天气。1978年是江淮流域的空梅年,南京气温超过35℃的高温天气竟达35天,年最高气温达39℃～41℃。

205. 热浪造成的损失有多大?

与其他自然灾害一样,高温热浪对社会的影响也是巨大的。1980年美国的高温热浪使美国的经济损失超过200亿美元;1988年北美的高温干旱使美国和加拿大的粮食产量减少了30%;20世纪80年代,仅非洲西部就有100多万人因高温干旱饥饿而死,数千万人流离失所。

206. 气温高低对海上军事行动有什么影响?

在炎热的夏天,一片树荫可以给人带来凉爽的惬意。如果在海面船只的甲板上,头上高悬炎炎的烈日时,水兵们就只能靠顽强的意志来克服了。在热带和副热带海区的海面上,钢铁甲板上的气温可以高达40℃～50℃,使人的体力和精力受到很大的影响,难以保持旺盛的斗志,甚至发病率大大增加。另外,气温过高影响船上机器的散热,限制船的高速行驶。而在寒冷的高纬度海区,零下几十度的气温又可以使润滑油变黏变稠,不能起到正常的润滑作用。严寒使钢铁的船壳上结冰,影响船只的正常航行,严重时可以使船只倾覆。极低的气温使战士不能赤手接触枪炮和金属外壳的弹药,衣服要避免浸水,人员要防止被冻伤,这些都给军事行动造成很大的影响。另外,在寒冷的高纬度海区还要时时防备冰山,一旦疏忽,"泰坦尼克号"的悲剧就可能出现。

207. 冬天哈尔滨与海南岛的气温为什么有几十度的差别?

我国地理位置最北的大城市是黑龙江的省会哈尔滨,位于北纬46度。海南省的省会海口在北纬20度,两地的垂直距离超过2000千米。在北风呼啸的冬天,哈尔滨的气温在零下几十度,而海口仍然春意盎然,百花争艳。两地的气温为什么会有这么大的差别呢?这是因为哈尔滨的纬度高,冬季接收到的太阳辐射少,受来自北冰洋或西伯利亚冷气团的控制,冰天雪地在所难免。而海口地理位置在副热带,冬季的太阳辐射仍然比较强,而且地处南海之中,受海洋的影响,南岭山脉冬季对南下的冷空气又有很好的阻挡作用,因此,海口就不会体会到严寒的压迫了。

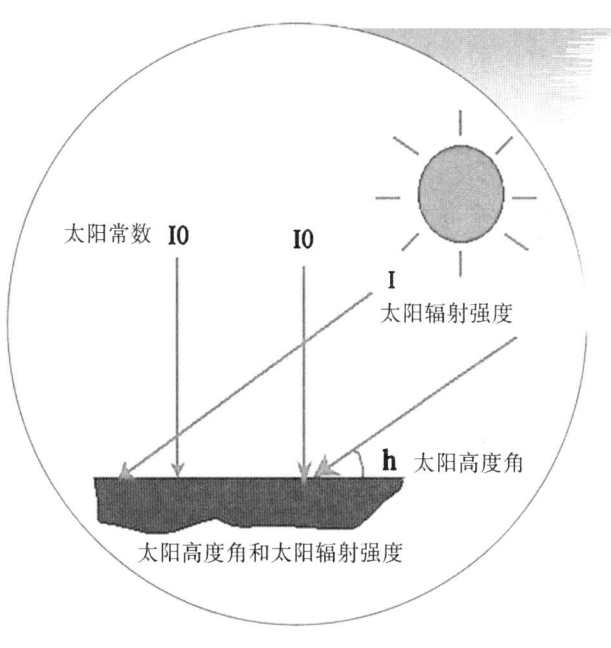

辐射

208. 夏天哈尔滨与海口的气温为什么差别不大?

夏季同样具有南北距离的差距,为什么哈尔滨与海口的气温差别不大了呢?如果大家能够看到我国夏天的气温分布图,就会发现这样的特点:等温线的走向与海岸线的走向几乎平行。说明夏季随着热带海洋气团势力的强大,海洋对气象要素的影响增大了,与冬季受大陆冷气团影响的特征相反。另外,夏季太阳的位置偏北,哈尔滨受到日照时间增长了,接收到的太阳辐射量与海口的差别也大为减小。

因此,夏季受热带海洋暖湿气团的控制、太阳照射位置和日照时间的变化,是两地气温差别不大的主要原因。

209. 青岛春季的气温为什么比北京低?

春季,当纬度比青岛高的北京暖风吹拂的时候,青岛还在海风的影响下发抖。为什么会出现这样的差别呢?主要的原因是青岛在黄海的边上,受海洋沿岸低温海流的影响大,而北京,甚至天津虽然离渤海的距离也不算远,但相对受陆地气候的影响更大。由于海水的热力性质与陆地具有很大的差别,在同样的春季阳光照射下,海水温度还没有多大变化,而陆地表面温度却已升高了许多,因此,北京、天津的春天比青岛要来得早。

210. 为什么青岛住一楼的人在 6 月、7 月份感到特别潮湿?

青岛的楼房有个非常明显的特点,就是在夏天的 6 月、7 月份,底层房屋的空气特别潮湿。按一般的道理,从海上流动到陆地上的空气虽然潮湿,但一层楼房空气中的含水量与二层没有差别,为什么人的感觉和物品的霉变情况都非常明显地说明一层要比二层潮湿得多呢?原来,空气中潮湿的程度与空气中含水量的多少没有直接的关系,而是与空气含水量的饱和程度有关。气温越高,空气容纳水汽的能力就越大。同样的含水量,气温降低,空气的潮湿程度就会增大。一层地面的温度一般低于空气的温度,地面的冷却会使室内的空气降温,增大空气的相对湿度。因此,居住青岛的一层楼房,夏天虽然气温相对较低,但因湿度增加,闷热的感觉也增大了几分。同样的现象在其他沿海地区也会出现。

211. 为什么青岛夏天的水泥地面会出水？

在赤日炎炎的夏天，有时连续很长时间没有降雨，太阳当空高照，天气闷热异常。但是，奇怪得很，在许多楼房一层水泥地面上却非常湿润，尤其是通风良好的房间，竟厚厚地凝结着一层水。这些水的来源是哪里呢？

如果说水泥地上的水来自于空气，你相信吗？但这可是千真万确的。当你夏天将冰淇淋一类的冷食放在塑料袋中，从商店带回家的时候，在塑料袋的外面也结着一些水珠，这些水珠也是从空气中凝结到你的塑料袋上的。空气中的水凝结到水泥地上，其道理完全一样。

青岛的夏天，空气中的湿度很大。尤其在6、7月份，空气温度已经升高，含水量很大，而建筑物一层地面的温度仍然很低。在通风良好的一层房间中，从户外进入室内的空气遇到温度低的地面，水汽就会发生凝结。通风越好，凝结的水分就会越多。有些住一层的居民铺设了木质的地板，地板凝结水的情况就很少出现，因为木板是热的不良导体，阻隔了空气与低温地面的直接接触。

212. 为什么铁制品在青岛容易生锈？

同样的铁制品，在内陆地区不易生锈，在青岛却容易生锈，你知道这是为什么吗？可能你根据前边的介绍，知道青岛是海滨城市，空气湿度大，铁制品在潮湿的环境中容易生锈。这是一条非常正确的理由，但是还不完全。除了空气潮湿这个原因以外，还存在着另一个因素——空气中的盐分。从海上吹刮到青岛城市中的空气中含有很多盐分，这些盐分附着到铁制品表面上，会对铁制品造成腐蚀,加剧了锈蚀的程度。

213. 为什么气温 30℃,感觉青岛比北京热?

在炎热的夏天,居住在青岛的人们感到30℃左右的气温相当炎热,而同样的气温如果出现在北京则人们会毫不在意。是青岛人特别娇惯吗?不是。因为,即便是老北京人到青岛来,与老青岛人的感觉也没有多大差别。原因在什么地方呢?

原来,青岛夏天空气中的水分含量多是使人们感觉炎热的主要原因。在气象学中,有一个虚温的概念可以解释,为什么人体对潮湿空气温度的感觉要比实际气温高。什么是空气的虚温呢?虚温就是考虑水汽影响后虚拟的温度,物理意义是:干空气为了要具有与湿空气相同的压强和密度,所应具有的温度。比如,温度为25℃的饱和湿空气的虚温超过28℃。由于夏天青岛的湿度比北京要高得多,尽管气温相同,但虚温的差别很大,所以感觉上自然就不同了。

另外,人体自身的蒸发散热也相当重要。外界空气干燥,人体上的汗液容易蒸发,消耗蒸发潜热,也可以消耗人体散发出的热量。湿度大的空气,不利于人体汗液的排泄和蒸发,热量散发受到阻碍,自然也会感到更热了。

214. 为什么都是 0℃,在青岛感觉比在济南冷?

当气温较高时,人们在湿度大的空气中就会感到更加闷热,但为什么在温度较低的时候,在空气湿度大的环境中又会感到更加冷呢?

这是由于水对热量的吸收能力远远大于空气对热量的吸收能力引起的。同样的压强情况下,使1克水升高1度的热量可以使1克空气升高4度还多。因此,当空气潮冷的时候,贴近人体皮肤的潮湿空气从人体吸收的热量要多于干燥空气。这就是在冷湿空气中感到特别寒冷的原因。

寒冷天气

215. 为什么世界上最寒冷的小镇,夏天的气温却高达40℃?

在西伯利亚,有一个名叫上扬斯克的小镇,距离北极大约有1000千米,冬天的平均气温是零下60℃,最低可达零下90℃,堪称是世界上最冷的镇。同样令人惊异的是,该地夏天的气温非常炎热,经常会高达40℃。你知道为什么吗?

造成上扬斯克冬冷夏热的原因是由于它的地理位置。西伯利亚位于欧亚大陆的中心,纬度较高,远离海洋,属于大陆性气候。冬季它接收的太阳辐射少,受大陆冷高压的控制,云量稀少,地面损失的热量非常大,因此,冬季的气温就非常低。夏季,随着太阳辐射的增加,地面土壤向大气提供的热量也增加。而且,随着海陆表面温度对比的变化,大气环流也出现季节性的变化。来自较低纬度陆地上的高温空气也有可能随着气流被输送到上扬斯克,影响当地的气温。

216. 大山脉两侧的干、湿为什么会有天壤之别?

在地理学气候分布中可以观察到这样一种现象:在大山脉的两侧,无论是南、北两侧还是东、西两侧,降水量或平均湿度在两侧有着巨大的差别。这是什么原因造成的呢?

当气流沿着大地形的山坡爬升的时候,空气中所含的水分容易凝结成雨降落到地球的表面上来,因此,气流迎风坡的降水量和空气湿度远远大于背风坡的降水量和空气湿度。即便是从高纬度来的气流也不例外。例如,山东烟台冬季的降雪量比周围都大的原因就是从渤海上过来的北风气流受地形的影响所造成;日本北海道岛的冬季,在日本海沿岸地区降水量很大的原因也是海上气流受地形抬升的结果。

217. 大气中能含多少水分?

空气含水量是由空气的温度决定的。温度越高,含水的能力就越大。对于整个地球大气来说,北半球的冬季就是南半球的夏季,整个地球大气所含水汽量的季节变化不大。如果把大气中所含的水汽全部凝结降落到地面上,大概相当于24毫米的水层,占全部地球水分的0.0009%。

218. 为什么冬季中高纬度大洋西岸的气温比东岸的气温低?

在冬季,大洋西岸的气温都比大洋东岸的气温低,如我国黑龙江省会哈尔滨冬季的气温都在零下几十度,而相同纬度美国的城市西雅图却相对要温暖得多。同样的,挪威冬季的气温比大西洋西岸相同纬度的加拿大东部地区也高得多。是什么原因导致这种现象的呢?可能有的同学会用冬季海水暖、陆地冷的理由进行解释,这是值得赞赏的,但还不完全。海流对热量的输送对两岸气温的影响是一个不可忽视的因素。在太平洋和大西洋东北部海区,都存在着从中纬度连续流去的海洋暖流。而在大洋的西岸却存在着从高纬度来的寒流,如太平洋的寒流亲潮。

因此,冬季中、高纬度大洋西岸气温明显低于东岸气温的原因主要由两个因素造成:海陆分布造成的热力差异对大气的影响和大洋中暖流和寒流对大气的影响。

219. 为什么中低纬度大洋西岸的气温比东岸的气温高?

在中低纬度的大洋两岸,气温的分布与中高纬度的相反。大洋西岸的气温明显高于大洋东岸的气温。造成这种现象的原因仍然要在大洋高低温海水的输送上寻找。由于东南或东北信风的输送,在较低纬度的太平洋和大西洋西部海区聚集了大量的暖水。两个大洋在中低纬度的西边界附近都有一条狭窄的流向高纬度的暖流。大西洋中是著名的湾流,太平洋中则是著名的黑潮。反观大洋的东边界附近,则存在着从较高纬度流向较低纬度的冷流,如太平洋中的加利福尼亚冷流。由于大洋东、西边界流对热量的输送和对大气的影响,造成了大洋西岸地区的气温高于大洋东岸地区气温的现象。

220. 为什么冬季挪威的气温高于哈尔滨的气温?

在北半球的冬季,靠近北极圈的挪威每天接收到的太阳辐射量非常有限,白天极短,长夜漫漫。但是,挪威冬季的最低气温很少超过零下20℃,而接收太阳辐射量远远大于挪威的哈尔滨的气温则经常在零下30℃以下。造成这种差别的原因主要是海流的热量输送。挪威沿岸的外侧是大西洋中的暖流,而在哈尔滨地理纬度上的太平洋西部沿岸是来自高纬度的寒流亲潮。另外,世界最大的欧亚大陆的影响使哈尔滨冬季受来自西伯利亚冷空气的控制。因此,海洋的影响是造成两地气温差别的主要原因。

221. 气温为什么随高度降低?

我国宋朝的文学家苏轼有句著名的诗:"春江水暖鸭先知。"这说明春季陆地温度的升高早于气温的升高,大气温度是通过地球表面的加热而升高的。在大气温度的变化中,地球表面就是大气的热源。一般来说,离热源越近,得到的热量就会越多,温度就会越高。同样的道理,高空的大气离地面远,受到的加热作用小,温度也就会相对较低了。在大气的对流层中,温度随高度的升高一般是降低的。大概每升高1000米,温度要下降6℃~7℃。

222. 为什么青岛的草木发芽比济南晚很长时间?

俗语说:向阳花木早逢春。但青岛和济南的地理纬度差不多,在春季接收到的太阳辐射量几乎相同,为什么青岛的草木发芽时间要比济南晚半个月以上呢?要理解为什么出现这种差别,需要进一步弄明白俗语中的含义,是什么原因控制草木发芽的时间。确实,无论是山脉的向阳面与背阴面,还是房屋的向阳侧和背阴侧,草木发芽的时间都有明显的差别。但造成这种差别的主要是气温而不是太阳辐射。在北方早春季节里,只要看一下向阳侧和背阴侧积冰的融化情况,就可以明白主要是气温的差别。

因此,青岛草木发芽的时间比济南晚很长时间的原因是因为青岛春天的气温比济南低的缘故,而青岛春季气温相对低又与海洋的影响紧密联系在一起。

223. 为什么夏季在青岛的海边感到凉爽?

夏季无论多么炎热,哪怕骄阳似火,当你漫步在青岛海滨的沙滩上,从海面徐徐吹来的风总是让你感到丝丝的凉意,天气越热,这种感觉越舒服。为什么从海面吹来的风总是那么清凉呢?这是由于海水的影响。夏季青岛沿海的水温一般介于24℃~25℃之间,从海面吹刮过来的空气,受海温的影响,温度不过比海水的温度高1℃~2℃,正是人体最感舒适的气温,因此盛夏季节的青岛海滨,确实是避暑消夏的好地方。

224. 为什么艳阳高照,而衣服却不容易晒干?

在青岛夏季的某些时间里,天空万里无云,艳阳高照,但在离海边比较近的居住区内,居民洗晒的衣服在阳光下曝晒却不容易晒干,你信不信?为什么会出现这种情况呢?这与空气的湿度有关。一般来说,出现这种情况时,风都是从海上刮向陆地的东南风,在通风良好的一层楼房的水泥地板上因凝结会出现一层水。尽管天气晴好,但空气的湿度接近饱和。洗过衣服上的水分在接近饱和的湿空气里蒸发得非常慢,因此就难以晒干了。

225. 为什么青岛是适合疗养康复的好地方?

青岛是我国的旅游城市,是我国第三批公布的历史文化名城,更是适合疗养康复的好地方。疗养康复的最佳环境应该气候温和,空气清洁,环境幽雅。气候是青岛得天独厚的地方。受海洋的影响,冬无严寒,夏无酷暑,气温的年较差和气温的日较差都比较小。从海上吹来的空气,夏天凉爽,冬天和暖,空气湿润清新,对身体的康复极为有利。因此,青岛沿海一

海滨的向往

线的疗养区和疗养院特别多,这也是青岛的一大风景吧。但同学们不要忘了,这可是以海洋性气候作为基础的呀。

226. 世界上最冷的城市是哪一个?

俄罗斯的雅库茨克是世界上最冷的城市,有"世界寒都"与"北极冰都"的称号。雅库茨克位于东西伯利亚勒拿河中游河畔,靠近北极圈,年平均气温零下 10.1℃,冬天的最低气温常常降到零下 60℃ 以下。

在雅库茨克的冬季,人造革靴底在室外 10 分钟～15 分钟就会被冻裂,在户外不戴帽子,头发在几秒钟内便被冻僵、变硬和耸动。人们可以听到自己呼气变成冰碴的刷刷声。1937 年 11 月,在雅库茨克的城外曾发掘出两万年前的猛犸象遗体,其肉质与新鲜的肉相差无几。

极光

227. "世界寒极"在什么地方?

地球表面上测得的最低气温记录都与南极大陆有联系。1957 年 5 月 11 日,南极洲的阿蒙森-斯科特观测站首次测得零下 73.6℃的低气温。同年 9 月,这里观测到一个更低的温度为零下 74.5℃。时隔不到一年,在离南极不到 1300 千米的东方站测得零下 76℃的低温,6 月又测得零下 79℃的更低温度,1960 年 8 月 24 日,甚至测得零下 88.3℃的温度。

1967 年,挪威人在南极大陆一个海拔 4000 米以上的地方又测得了零下 94.5℃的极低温度记录,这可是迄今为止地球表面上的最低温度。

探访南极

228. 我国的"寒极"在什么地方?

我国最冷的地方在哪里呢?我国的西藏北部地区,平均海拔在 4500 米以上,由于空气稀薄,地面散热非常迅速,年平均气温只有零下 6℃,到处是一片冰天雪地,可算是我国的一个"高、寒"地区。但最低气温观测记录并没有出现在这里。

内蒙古自治区的免渡河1月份的最低气温极值曾出现过零下50.1℃的记录,黑龙江省的漠河在1969年2月13日出现过零下52.3℃的低温。但最低气温记录的"全国冠军"则由新疆维吾尔自治区的富蕴县夺得,那里的最低气温记录是零下58.7℃!

229. 什么是寒潮?

寒潮天气过程是一种大规模的强冷空气活动过程。寒潮过程中北方的冷空气像潮水一样向南奔流,所经地方,一片肃杀。寒潮天气的主要特点是剧烈降温和大风,有时还伴有雨、雪、雨凇或霜冻。

海上大风

国家气象部门规定,冷空气入侵我国,在48小时内,能使长江中下游及其以北地区降温10℃以上,长江中下游或春秋季江淮地区的最低气温等于或低于4℃,陆地上有大范围5级以上大风,沿海海区出现7级以上大风的,称为寒潮。如果 48 小时内降温在 14℃ 以上,并出现 5 级～7 级以上的大风,则成为强寒潮。

由于我国地域辽阔,北方与南方的地理条件差别较大,冷空气对各地的影响程度不同,因此,有些省、市结合当地情况,制定了地区寒潮标准。

230. 寒潮在什么季节最多?

寒潮一般从什么时候开始,什么季节最多呢?在我国,通常每年 9 月至翌年 5 月,一般每隔 8 天～10 天就有一次中等强度冷空气的活动。根据气象专家对我国寒潮的统计,10 月中旬、11 月下旬、12 月中旬、1 月下旬、2 月中旬和 4 月上旬这 6 个时段是寒潮活动的高峰。其中,11 月份出现寒潮的次数最多。全国性寒潮出现最多的月份则为 12 月份、3 月份和 4 月份。

231. 造成我国寒潮的冷空气源地在哪里?

造成我国寒潮冷空气的源地主要有三个地方,分别是新地岛以西的北冰洋洋面上、新地岛以东的北冰洋洋面上和冰岛以南的大西洋洋面上。因此,看似与海洋关系不大的寒潮冷空气活动,实际上还是受海洋的影响。与夏季受来自温暖洋面上的暖湿空气影响不同的是,冬季我国主要受来自高纬度寒冷洋面上的冷气团影响。

高原野牛

232. 北冰洋上空的气温低还是南极大陆上的气温低？

地球南北两极的气温都很低，都有低于零下70℃的记录。但两者比起来，哪里更冷一些呢？是南极。在南极曾观测到零下90℃的记录，而北极却从来没有。为什么两极的气温有这样的差别呢？原因主要与南半球的陆地面积小有关。由于大面积海洋的热力状况相对均匀，在造成"咆哮"西风带的同时，阻止了南极空气与南半球较低纬度大气的热量交换。由于得不到较低纬度热量的补充，因此南极的平均气温比北极要低20℃。

因此，海陆不同的热力性质和两半球海洋面积的大小，是造成南极大陆比北极更加寒冷的原因。

233. 为什么寒潮冷空气是"匆匆的过客"？

同学们可能都有这种感受，当秋冬季节出现的寒潮袭击我国时，通常一次两三天就可以过去，那么，来自高纬度寒冷洋面上的冷气团影响我国以后最终又去了哪里？主要是热带太平洋，部分冷空气去了印度洋。因此，从寒潮的整个过程来看，冷空气实际上完成的是北冰洋、北大西洋和太平洋、印度洋"信息"的"沟通"。自始至终，影响我国的寒潮冷空气在我国的陆地上每次都是匆匆的"过客"，对大洋而言，寒潮可是非常尽责的"信使"哟。

234. 为什么寒潮到来以前，气温会异常地偏高？

有些细心的同学可能会注意到这样一个有趣的现象，当气象预报提醒人们预防寒潮冷空气的侵袭时，在冷空气到来的前一天，气温会比往常更加温暖。正因为如此，当冷空气呼啸而至时，对降温的感觉会更加强烈。为什么冷空气到来的前一天，气温一般会异常地偏高呢？这是因为寒潮冷锋经常与锋面气旋相联系的缘故。

寒潮冷空气的天气系统是温度很低的地面高压。在冷空气与暖空气相接触的地带是寒潮冷锋。由于锋面的波动，在气压场上会出现风向围绕中心在北半球作逆时针旋转的锋面气旋。在寒潮冷锋移动方向之前的暖空气一侧，锋面气旋的气流一般是西南风。由于西南风把较低纬度暖空气输送了过来，使得寒潮冷锋到来前的气温明显升高。

同学们，当冬季的某一天气温特别高时，可要当心寒潮的来临，避免身体感冒哟。

235. 影响我国的寒潮"关键区"在什么地方？

经过气象专家对寒潮天气的研究发现，超过95％的寒潮冷空气都要经过一个被称为"关键区"的地区，并在"关键区"内稍作"休整"后，再大举影响我国。这样的一个关键区对寒潮的预报无疑是非常重要的。那么,这个关键区在什么地方呢?

较为精确地说,这个关键区位于东经70度到90度,北纬43度到65度。从地理位置来说,它位于蒙古、俄罗斯的巴尔喀什湖以北或西部一带。当冷空气到达关键区后,气象台的预报员们对寒潮的来临就有些"兵临城下"的感觉了。

寒潮之前的深秋景色

236. 影响我国的寒潮冷空气"进军"路线有哪些?

我国的气象工作者经过多年的观测总结,归纳出影响我国的寒潮冷空气从"关键区"出发后,一般采取四条路线影响我国,分别为西路、中路、东路和东路加西路。

西路寒潮取道我国新疆,经河西走廊,沿青藏高原东侧南下,到达西南、江南和华南地区。这条路线的寒潮次数最多。

中路寒潮从蒙古高原经黄河河套一带南下,直达长江中下游和华南地区。这路寒潮常出现在隆冬季节,势力比较强。

东路寒潮经蒙古高原东部到达华北北部、东北南部后,主力向东移出我国,但低层冷空气可以经渤海进入黄河下游,向南可达两湖盆地。这路寒潮主要出现在早春季节,势力较弱,次数也不多。

东路加西路"两路夹攻"的寒潮冷空气在黄河以南到长江一带"会师",然后继续南下,影响江南和华南地区。

237. 各路寒潮的天气具有哪些不同的特点?

不同路径的寒潮对我国天气的影响是不一样的。西路来的寒潮常在我国造成大范围的雨雪天气,有时会使江南、西南地区明显降温,并伴有短时雨雪天气。中路寒潮在长江以北的天气主要是大风降温,江南为雨雪天气。东路寒潮由于从渤海携带水汽,常造成华北地区的"回流"降水,气温较低。东路加西路寒潮首先造成大范围雨雪天气,两股冷空气合并后,还会出现狂风和气温骤降。

238. 北半球冷空气到南半球"探亲"最方便的路线在何处?

北冰洋、大西洋在冬季通过寒潮冷空气可以实现"互通信息",南北两半球的大气借助寒潮的力量也可以实现"探亲访友"。在北半球的冬季,北冰洋上的冷空气有时还可以挟寒潮之威,实现到另一半球"访问"呢。一般来说,北冰洋上的冷空气到南半球"访问"的路线非常有限,最方便的路线就是取道青藏高原的东侧,经南海去大洋洲。由于青藏高原对冷空气的阻挡,使得寒潮冷空气在高原东侧南下的势力在这条路线上最强大,冷空气可以直接到达低纬度。

239. 南半球大气到北半球"探亲"最热闹的路线在何处?

在南半球的冬季,同样也有南半球空气到北半球"探亲"。在亚非地区存在两条比较明显的跨越赤道的气流通道。这就是非洲东海岸附近的索马里越赤道气流和南海南部的越赤道气流。不过,两条通道输送南半球大气的数量有比较大的差别。在地球上,最强的低空越赤道气流是索马里低空急流。因此,南半球大气到北半球的路线是在非洲东岸。

240. 什么原因使两半球大气"探亲"的路线不一样?

为什么南北两个半球大气实现"交流"最繁忙路线的位置不一样? 这与引起越赤道气流的天气系统有关。南半球索马里越赤道气流的快捷主要有三个原因:非洲东海岸的地形作用、北印度洋西岸附近海区的海气相互作用和位于索马里越赤道气流南端的马斯克林冷高压的强大。而北半球冬季亚洲大陆上的冷高压是北半球最强大的冷高压,加上全球最大高原青藏高原的相助,使北半球向南半球的越赤道气流在南海南部最强。

241. 北冰洋和南太平洋可以直接"联络"吗?

在特殊的情况下,当北半球东亚地区出现强寒潮时,来自北冰洋的寒冷空气经过南海可以到达南半球。但冷空气能与南太平洋"联络"上吗? 事实上是有可能的。同学们只要对照世界地图,将目光集中在南海的南部,就会发现向南越过赤道的气流在南半球向太平洋的方向偏转（原因是地球旋转作用的帮助），因此北冰洋和南半球太平洋是有可能"联系"上的。

242. 北冰洋和南印度洋可以直接"联络"吗？

北冰洋与南印度洋的联络也是有可能的。受青藏高原阻挡的作用，来自北冰洋冷空气的一部分可能沿青藏高原的东南侧向北印度洋扩散，但势力要微弱得多。由于缺乏强大冷高压的支持和推动，印度洋向南的越赤道气流也非常微弱。因此，难以从印度洋上建立直接的"联系"。但有时从南海的南部向西传播到印度洋，可以形成印度季风区的东北季风。

243. 什么叫冷涌？

东亚冬季风在北方暴发并侵入中国时，习惯上被称为寒潮，当它进一步向南海推进时就称为冷涌。冷涌从华南传播到赤道仅需一天左右的时间。冷涌过境时，先是东北风增大，气压急剧上升，过一段时间后才观测到温度的下降。

一般认为，当南海北部东北风大于或等于每秒 8 米，深圳与湖北黄石地面气压差大于或等于 8 百帕，而且冷涌过程中东北风维持在每秒 6 米以上时，就称为南海冷涌。

244. 冷涌与赤道地区的对流活动有什么关系？

当东北风冷涌向赤道附近海面传播时，常常在赤道附近的加里曼丹与马来半岛之间激发起强烈的对流活动。这是因为,赤道地区的大气经常处于不稳定状态,冷涌的到来,增强了这些地区的上升运动,有利于水汽凝结潜热的释放。对流活动的增强增大了向大气的凝结潜热的释放,促进了低压天气系统的发展,而低压天气系统的发展更进一步促进了对流的发展和降水。由于东北风冷涌与对流天气的相互促进,在月平均图上,南海以南的海上出现了一个明显的气旋性环流。

245. 青藏高原对冷涌有什么作用?

青藏高原的存在对冷涌的发生起着举足轻重的作用。由于高原的存在,迫使冷空气沿高原东侧南下,在低层东亚大陆沿海地区形成一条冷空气输送带。冷空气带的出现使冷涌得到加强。气象专家们的实验证明,如果没有青藏高原,则冷空气将大为减弱并主要向西传播。

246. 冷涌的路径经过哪些地方?

像寒潮冷空气的移动具有主要路径一样,冷涌也存在东、西两条主要路径。东路可以说是冷空气"走"水路,由东亚大陆沿海经台湾海峡进入南海,受海洋的影响,冷空气在海上的移动过程中逐渐变性,增暖增湿;西路则从中国大陆西部南下,沿中南半岛的东海岸进入低纬度。由于西路冷空气受海洋的影响相对较小,变性比较慢,因此到低纬度还保持比较多的干冷特性。

247. 冷涌发生时通常伴有哪些天气现象?

南海冷涌爆发迅速,时间短,范围大。常常伴有锋面活动。这一活动过程的特点是气压突然升高,海面风速增大,云量增多,降水量骤增。伴有冷锋的冷涌过程一般经历过两个阶段:第一阶段是冷涌前沿过境阶段,特点是气压突升;第二阶段是锋面过境阶段,特点是露点温度(气温降低使水汽达到饱和的温度)急剧下降。两个阶段风场的特点都是海面偏北风增大。

248. 谁无情地剥夺了"泰坦尼克"号遇难者的生命?

凄婉的"泰坦尼克"号于20世纪初期沉没在冰海中。它传奇般的故事因数次被搬上银幕而世界闻名。大家都已经熟知这艘传奇客轮沉没的原因:因撞在冰山上而

现代海冰考查

使它的处女航行成为不归的死亡之旅。多少年以来,无人对它沉没的原因提出质疑。然而,当近年把沉船打捞上来以后,对船体残骸的研究却得出了令人吃惊的结果:"泰坦尼克"号的沉没与严寒有密切的关系。因为对"泰

坦尼克"号的钢铁残骸的研究表明,在很低温度下,建造"泰坦尼克"号船体的钢板变得像普通玻璃板一样不堪一碰。因此,"泰坦尼克"号上遇难者的生命应该说在很大程度上是由严寒剥夺的!

海洋气象

变换海洋风雨

249. 什么是气团?

气团是天气学中一个重要的基本概念,它主要指温度或湿度水平分布比较均匀的、大范围(几千千米以上)的空气团。

气团的形成与大范围热力性质比较均匀的广阔地球表面的缓慢加热或冷却有密切的关系。具有形成气团温度和湿度比较均匀的地区称为气团源地。例如,在北冰洋上空形成的气团被称为冰洋气团,在热带海洋上形成的气团被称为热带海洋气团,等等。

250. 什么是水团?

水团是海洋学中一个重要的基本概念,它是指在大洋中的某一特定区域内形成的较大的水体,它具有独特的理化特性和生物特征,这些特征几乎是长期恒定且连续分布的,并作为水团这一综合整体的组成部分,随水团而集体移动。《中国大百科全书(海洋科学卷)》中是这样叙述的:水团是源地和形成机制相近,具有相对均匀的物理、化学和生物特征及大体一致的变化趋势,而与周围海水存在明显差异的宏大水体。

251. 什么是锋面?

同学们已经知道,温度低的空气密度大,而温度高的空气密度小。当两种性质不同的气团相邻时,由于温度和湿度的不同,两个气团之间过渡区域中的温度、湿度和

锋面与降水

密度的变化都会很大。天气学中把密度不同的两个气团之间的过渡区称为锋区。

锋区的水平宽度一般为几十千米到几百千米。与气团的几千千米相比,锋区要狭小得多。在天气图上,因比例尺小,锋区的宽度无法表示出来,近似地把锋区看成一个面,就称为锋面。

252. 什么是海洋锋?

海洋锋是海水温度、盐度、密度等要素的水平变化剧烈的过渡区。两个不同性质水团的汇合带可以形成海洋锋,与大气中的锋区是两个不同性质气团的过渡区类似。另外,受海洋中大陆架(坡)的影响,在某些陆架坡折区域附近,如南海的西南部形成的海洋锋,锋区的一侧是低盐高温的陆架水,另一侧是相对高盐、低温的陆坡海水。

253. 气团改变性质后叫什么名字?

同一气团内部物理属性相近,天气现象也大体相同。当环流条件改变时,气团便在大气环流的引导下离开源地。在迁移的过程中,受下方地球表面的影响,温度、湿度会逐渐改变,气团的性质因而也随之发生变化,称为气团变性。

当热带海洋气团移动到温带陆地上,气温会相应降低,湿度减小,就成为变性海洋气团;当极地大陆气团移动到温带海洋中去,气温逐渐升高,湿度增大,就成为变性大陆气团。

254. 锋面为什么是倾斜的?

锋面在空间中是倾斜的。由于一般高纬度的空气温度低,密度大,而低纬度空气温度高密度小,锋区随着高度的增加,位置向极地一侧移动,即向冷空气一侧倾斜。

一个简单的用以说明锋面在空间倾斜原因的实验可以这样进行:取一个中间有隔板的长方形容器,分别倒入油和水,然后抽去隔板,油与水的相对运

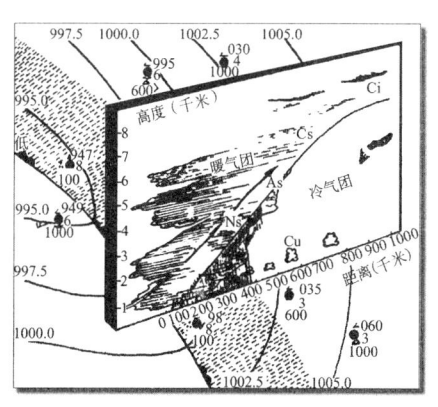

锋面天气示意图

动使密度小的油浮在上方,而密度大的水插入油的下方,直到油在上而水在下的水平状态。将容器放于离心机的一端旋转,可以观察到油与水的界面成倾斜状态。

把冷空气设想为实验中的水,暖空气设想为实验中的油,地球的自转类似于实验中离心机的旋转,则锋面的倾斜就可用实验中油水界面的倾斜来说明。

255. 大气锋面附近通常有什么天气?

在气团内部,由于物理性质相对均匀,因此通常温带

地区气团内部的天气变化不大。但在不同气团交界面处的锋面地区则一般天气恶劣。由于冷暖空气的相对运动,暖空气中的水汽容易凝结,加上地面摩擦的作用在锋面附近造成上升运动,锋面附近大气能见度一般比较小;由于不同性质气团之间的密度差异大,使锋面两侧的气压变化增大,导致风速在锋面附近增大。当暖空气一侧的水汽供应条件充足时,暖空气在冷空气的抬升下造成锋面附近的降水。

因此,锋面附近,是风云雷电、雨雪霜雾等天气最钟情的地区。

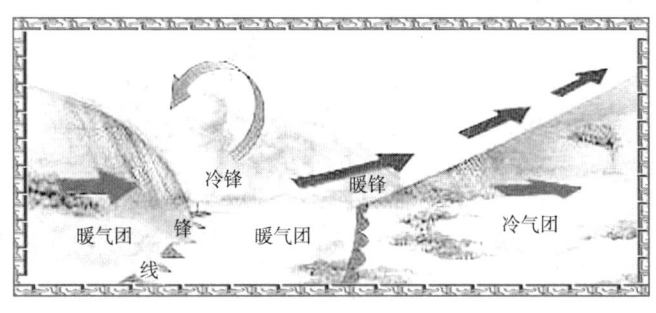

锢囚锋的形成

256. 海洋锋与渔场的形成有什么关系?

当大气中的锋线受到某种扰动后,常常出现涡旋,即锋面气旋的发展。受锋面气旋中上升运动的影响,气旋中多出现降水、大风等天气现象。在海洋中,不同性质水团的过渡区海洋锋线上,也容易出现海洋中的涡旋运动。海洋锋线附近海区,尤其是锋线附近海洋涡旋中的上升运动区是海水营养盐含量丰富区,对渔场的形成非常有利。因此，不同性质水团交界的海区常常是渔业产量高的海区。

257. 海上渔场的形成为什么与风有关？

我们食用的鱼当中有很大一部分是从海洋里捕捞的。海上捕鱼要在渔场里进行，产量才会高。但同学们可能还不清楚，海上渔场的形成与海面风场有着非常密切的关系。

在饵料丰富的地方，有大量鱼的聚集，容易形成渔场。许多鱼以浮游生物为食，海水营养盐丰富的地方存在大量的浮游生物。海水的上升流把大量的营养盐带到表层海水中来。因此，海洋中存在上升流的海区一般都是非常好的渔场。海洋中的上升流与海面风的吹刮具有密切的关系，因此，渔场的形成与海上风场有关就是顺理成章的事情了。

例如，在热带东太平洋的秘鲁沿岸，从南半球吹来的风导致的海流对表层海水的向西输送使得沿岸底层的海水流到表层进行补充，存在很强的上升流，因此，秘鲁西海岸附近的海区是世界著名的渔场，海洋水产业占秘鲁国民经济的比重比较大，一旦厄尔尼诺现象出现，使上升流减弱，则秘鲁的水产业就会受到沉重的打击。

258. 东海的渔业资源宝藏是谁给的？

我国的东海海洋资源丰富。神话传说中的东海龙宫中珍藏着丰富的宝藏。东海的舟山渔场是我国最大的渔场，可说得上是东海丰富宝藏中的生物宝藏吧。是什么原因使舟山附近的海区形成渔场的呢？是东海沿岸的上升流。上升流将海底附近的营养盐携带到表层海水中,使浮游生物大量繁殖生长,浮游生物为众多的鱼类提供了丰富的饵料,因此鱼的数量在上升流区就迅速地增长。因此,东海的渔业资源宝藏是上升流带来的。但需要指出的是,任何宝藏都不会取之不竭。在掠夺式的捕捞下,渔场中也会有一天捕不到鱼的。为了保护我国的渔业资源,我国制定了休渔期的制度,使包括东海在内的渔业资源地得到休养生息。

259. 什么是海陆风?

海陆风是近海和沿岸地区因热力性质不均匀而形成的风向昼夜间反向转变的风系,是海风和陆风的合称。海风白天从海上吹向陆地,陆地上的风在夜间又从陆地吹向海洋,相互间"礼尚往来",周而复始。海陆风的环流

海陆风循环

水平范围在几十千米到几百千米,垂直高度可达1000米~

2000米,白天,海面上的气流吹向陆地的同时,在大气的一定高度上则从陆地吹向海洋,夜间则整个循环的方向全都反转过来。

260. 海陆风是怎么形成的?

海陆风是怎么形成的呢?我们以夏天为例进行说明。在夏半年的白天,受到太阳的辐射,陆地表面的温度很快升高。陆地表面上的空气受到陆地的加热后迅速向上膨胀,使得在1000米~2000米的高度上,陆地

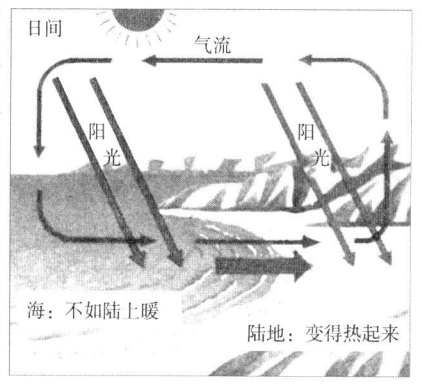

海陆风(1)

上空的气压高于海面上空的气压。在压力差别的作用下,1000米~2000米高度上的空气自陆地流向海洋,而陆地地面附近因为空气膨胀上升,海面上的空气就会流到陆地上进行补充。这样,在海洋和陆地之间形成了由陆地向上、陆地上空向海洋、海洋上空向

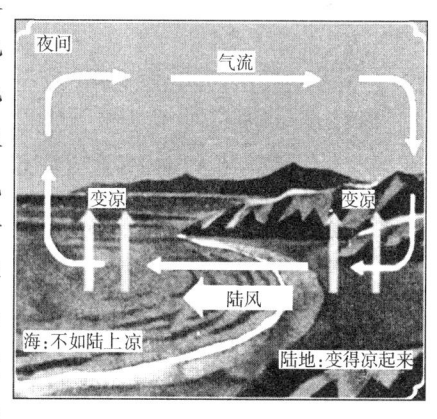

海陆风(2)

下、海面向陆地的环流系统,称为海风环流。一般情况下,海风从上午开始出现,下午1时～3时最强,日落后逐渐减弱。

到了夜间,陆地表面经过辐射冷却,温度开始低于表面海水的温度,于是相对而言海洋空气向上膨胀,在高层向陆地流去,而陆地表面的空气则流向海里,构成相反的环流系统,称为陆风环流。

261. 海陆风的出现与地理纬度有关系吗?

同样是沿海地区,在不同的地理纬度上,海陆风的强弱具有比较大的差异。由于形成海陆风的主要原因是海洋和陆地热力性质在昼夜间的差异,即海面温度和陆地表面温度的差别越大,海陆风越强。海、陆热力性质在昼夜间的差异随纬度的变化比较大。一般来说,海陆风在热带地区发展最强,一年四季都可以出现,出现的次数也比温带和寒带多。中纬度地区的海陆风多出现在夏、秋两季,而高纬度地区只在暖季出现海陆风。

262. 海陆风对沿海大气环境有什么影响?

海陆风的存在对沿海地区的大气环境具有很大的影响。设想在海边有一片烟雾,夜间的时候被陆风吹送到海面上去,到了第二天白天又被海风送还回来,烟雾"去而复返",必然会加大大气的污染程度。即便烟雾被吹送到海里去,通过高层绕了一个圈然后再回到陆地上,也会使大气污染程度有所增加。

因此,海陆风的存在会增大沿海空气的污染程度,使大气环境质量变坏。

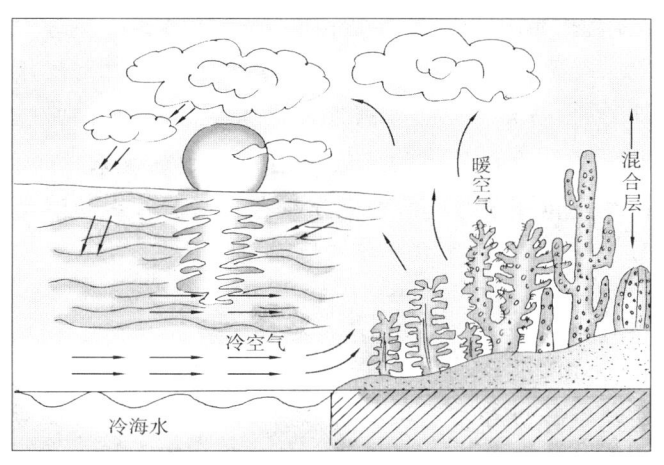

白天的海陆风

263. 为什么在赤道太平洋岛屿上发现企鹅生存？

企鹅是南极大陆的唯一"常驻居民"，也是南极地区的标志。南极气候寒冷，因此企鹅的抗寒能力是出类拔萃的。相反，企鹅的抗寒能力在温暖的地方可能就是它们的致命弱点。然而，在赤道附近的某些岛屿上，竟然生存着企鹅！

是这些企鹅适应了热带的气候？不是。是赤道附近的"寒冷岛"为它们提供了可以生存的条件。太平洋东部的克隆群岛，由于受秘鲁冷洋流的影响，空气稳定，少雨多雾，气温较低，酷似寒带。不知从什么年代随南极冰山"漂泊"到该岛的企鹅，已在岛上繁衍成数千只的"庞大家族"了。

264. 大气和海洋的热力结构最明显的差别是什么？

大气和海洋中的绝大部分运动能量都来自于太阳。

但是,大气和海洋的热力结构具有明显的不同。海面作为地球表面的一部分,海水的热量是直接吸收太阳辐射而得到的,而大气的热量则来自地球表面,包括海面吸收了太阳辐射后再放出的长波辐射。由于热量来源不同,导致大气和海洋温度的垂直分布也不同。海水的温度在海面达到最高,而气温一般在地面附近最高。

265. 如果没有风,海洋将是什么样子?

自古以来,海洋和大气一直在互相影响着。海洋的温度分布影响着大气风场的形成,而海面风场又驱动着表层海水的流动。如果全球的海面上都没有风,则除了洋面如镜、波澜不兴外,海水是否就会变成"死水一潭"呢?

如果海面上没有风,仍然存在着能够驱使海水运动的动力。这就是密度差异造成的相对运动。影响海水密度最主要的因素是温度和盐度,虽然那时海水的流动将极为缓慢,但海水在极地地区仍然为下沉运动,而赤道地区仍然为上升运动。在大洋的西边界,仍然会有相对较强的边界流。但大洋内部的流动则变化很大,因为没有风,海洋表面由风驱动的大洋流系将不再出现。在温度相同的海区,盐度大的海水将有可能出现下沉运动。

266. 秘鲁人和智利人是怎样用网"捞"取海雾水的?

南美洲秘鲁西海岸地区濒临太平洋,属热带干旱型气候。这里降水稀少,年平均降水量还不足50毫米。由于临近赤道东太平洋冷水区,雾日却较多。智利的北部地区同样干旱少雨,但冬季雾日也较多。为了开发雾水资源,两个国家都曾用尼龙线织成网,网孔约1厘米见方,在雾的来向竖立布置起来,收集雾水。尼龙网支架下面有一个大盘,收集的雾水经过小管流入自计雨量计中,可测量出收集了多少雾水。

1988年秘鲁人在拉奥罗亚收集的雾水数量相当于296.8毫米的降雨量,在阿雷基帕收集的雾水也相当于165.1毫米。

267. 美国人是怎样帮助太平洋中的水汽降落到加利福尼亚的?

加利福尼亚位于美国西海岸,西临太平洋,东部与内华达州和亚利桑那州接壤。西部沿海的暖湿空气向陆地移动,在加利福尼亚州东部的内华达山脉地区经常形成地形云。层状的地形云连绵达数百里,是很好的云水资源。

经过探测,美国气象工作人员发现,秋冬季节的地形云内温度比较高,过冷却水较多,有利于人工降水。经过充分的准备,他们用飞机上装置的碘化银发生器进行催化降水。每次人工降水作业时,采用一前一后两架飞机同时起飞,前边的飞机探测到适合作业的部位时,由后一架飞机进行催化作业。

经过7年的人工影响降水实验,在秋季和冬季达到增加降水15%～20%的效果。

268. 最早的人工影响天气行为是在什么时期开始的?

最早人工影响天气的行为来自于第二次世界大战时期的军事需要。第二次世界大战期间,美国人在意大利的伏尔特河岸,人工造雾形成长达5000米、厚1600米的大雾,掩护了美军渡河。为了掩护本土的工业区域,防止对方空袭,德国人也曾在"二战"期间人工造雾。

在"二战"时期,空中作战的大量出现,使飞机碰到了许多气象困难。为了取得战斗的胜利,飞机多在隐蔽的云层中飞行,以防止被敌人发现。但飞机在云中的飞行,常常遇到机壳出现积冰,影响正常飞行,有时甚至出现机毁人亡的事故。为了搞清飞机积冰的原因,气象专家们从中发现了云中过冷却水滴的存在和对积冰的作用,随后进一步发现将干冰或碘化银撒入云中可以催化降水,为人工影响天气开创了一条崭新的道路。

269. 云中过冷却水滴最先在什么地方被发现?

云层中过冷却水滴第一次被发现的地点并不在空中。第二次世界大战期间,为了解决飞机积冰如何形成的问题,美国气象学家兰米尔和谢弗带着观测云雾结构的仪器登上了新罕布什尔州华盛顿山。当时,山上的气温很低,山顶云雾笼罩,常常低于零度。一天早晨,他们惊奇地发现,山上的松柏在一夜之间变成了晶莹剔透的雾凇花!更使他们奇怪的是,在零度以下气温的空气中,竟然悬浮着众多的水滴!为什么这些水滴没有变成冰晶呢?原来自然界中就存在低温下也不结冰的小水滴,这就是雾凇的形成。

依据雾凇形成的原理,飞机在云层中飞行时,机壳积冰的问题就顺利地解决了。

270. 是谁最先发现干冰可以催化冷云降水的?

云雾中过冷却水滴的发现引起了另外一个问题,为什么形成雾凇的雾中没有自然冰晶呢?因为如果有冰晶和过冷却水同时存在,过冷却水一定会向冰晶凝华,使冰晶逐渐增长,当增长到一定程度后,就会从雾中降落到地面上,雾也因之消散。

1946年,美国气象学家谢弗用一个普通的100升冰箱改制的云雾实验室进行实验。当云室内温度降低到零下23℃后,他向云室内哈的气立即形成了雾,但未出现冰晶。他们想方设法将不同的化学物质分撒在云室内,还是没有出现冰晶。

在7月的一天,谢弗拿一块干冰(固体二氧化碳)放进小云室内,打算促使云室内的温度降得更快些。但刹那间,云室内出现了成千上万个小冰晶!于是,干冰对冷云的催化作用就这样被发现了,它的发现者就是美国气象学家谢弗。

271. 人类第一次人工催化降水实验在哪一年进行?

1946年11月13日在纽约斯克内克塔迪东部格雷洛

克山区进行的干冰催化冷云实验,是人类第一次人工影响降水的实验。美国气象学家谢弗乘坐一架小型飞机,在层云的上风方向沿着一条5000米的航线,撒播了1.6千克的干冰。层云的云高3700米,云内温度零下20℃。撒播干冰后,仅5分钟时间就观测到层云因干冰的降温作用,水汽达到饱和状态,出现了大量冰晶,云中的水汽又不断地在冰晶上凝华增大,很快形成了不同形状的雪花从云中降落。这可是一次科学史上的创举。

272. 碘化银对云的催化作用是怎样被发现的?

1946年11月,冯尼古特认为干冰储存很不方便,时间一长便容易蒸发掉。他查阅了大量资料后发现,碘化银的晶体结构与自然冰晶十分相似。但他将碘化银粉末撒入云室内的过冷却雾中,却未能出现冰晶。几周以后的一次实验中,当他从口袋里取出一枚银币打火花时,意外地发现,与撒入干冰相似,小云室内出现了大量冰晶。但后来重复实验时,冰晶又不出现了,这使人迷惑不解。后来才知道,那次成功的实验之前,云室内残存着微量的碘,当银火花放电时,银离子和碘离子在小云室内结合产生了碘化银粒子作为冰核,才出现了大量冰晶。

后来的实验证明,1克碘化银可以产生几万亿个冰晶呢。发现碘化银作为形成冰晶核的物质可是人工影响天气中的重大进展。此后不久,美国就大范围地开展了人工降雨作业,并迅速发展起来。

273. 为什么"气象武器"收到了意想不到的效果?

在战争中利用人工降雨作为"武器",那是20世纪60

年代的事情。1966年,美国的空军对越南的军事设施进行空袭轰炸,但大面积季风云系覆盖下的军事目标对空袭效果的影响很大,于是美国的军事专家们设想用人工降雨技术进行扫除云层作业,以便在云层消失之后,能够准确地轰炸越南的军事目标。

然而,美军进行人工催化云层后,未能达到消除云层的预期设想,反而增加了雨量,使局部山区出现了洪涝,山洪冲坏了运输通道,给越南一方造成了极大的困难。

意想不到的效果使美国军方后来经常使用人工降雨这个"武器"。对老挝、越南、柬埔寨等国家的交通要道地区,在大片云层覆盖时,飞机投射增雨弹进行增雨作业,给越南军队的行动、后方运输和作战设置障碍。

274. 我国第一次人工降雨试验是哪一年进行的?

1958年8月8日,我国第一次人工降雨试验的飞机在吉林机场起飞,经过10分钟到达6000米的高空。在飞机上发现一块云体发展很高,云底已有雨幡,正好适合做人工催化降雨。飞行员冒着很大危险,飞入云中撒播干冰。当时飞机在云中的过冷却水区中测得温度为零下10℃,飞行员用8分钟的时间播撒干冰80千克,当飞机返航远离被催化的云体时,云底已出现降水。降水范围长20000米,宽10000米左右,云体下方水文站测得的降雨量为16毫米,其他临近地区无降水。这次人工降雨试验取得了成功。

275. 人工是怎样"消"雨的?

在一些大型社会活动中,需要在特定的时间和特定的地区有晴朗的天气,或保证至少不降水。利用人工方法可以在某种程度上做到这一点,这就是人工消雨技术。

人工消雨的基本原理还是人工降雨。因为某个地区的降水云系大部分都是由其他地区移动而来。利用人工降雨技术在上游方向催化云层,提前将"应当"降在需要保证天气地区的雨降落在其他地区,就可以满足特定的天气需要。

因此,人工消雨不是把天上的云"消"掉,而是通过人工影响天气,以上游地区多降水作为代价的一种行为。

276. 人工是怎样影响"台风"的?

台风是一种强烈的热带海洋风暴。台风登陆常常对陆地的生产和生活带来巨大的损失和破坏。那么,能否通过人工的方法对台风施加影响呢?人类已经对此进行了一些试验。

人工怎样对台风施加影响呢?它的原理与"人工消雨"的思路一致,即在被保护地区的上游方向,提前促使台风更猛烈地发展,"欲擒故纵","让"台风把"应当"施加在被保护地区的能量提前施加在其他地区,仍然是用人工催化降雨的方法。

美国曾经于1969年8月进行了两次人工影响台风试验。采用飞机下投碘化银焰弹的方式。两次试验的结果分别为,作业前最大风速为每小时43千米,作业后5小时减弱到每小时33千米;作业前每小时49千米,作业后减弱为每小时42千米。

277. 人工怎样消雾？

人工消雾应用最多的是在飞机场。每当大雾覆盖机场，飞机就不能起飞和降落。另外，随着高速公路的发展，出现大雾时高速公路上的消雾也有很重要的意义。

对于冷雾，由于雾中温度低于零度，因此可利用与人工催化降雨类似的思路，投放化学物质促使过冷水滴凝华成大冰晶降落，实现消雾的效果。实际用于消除机场上空冷雾的手段是利用液氮催化冷雾滴变成冰晶降落的方式。

对于暖雾，由于雾中温度在零度以上，消雾的思路则与冷雾完全不同。在机场上采用的热力动力消雾系统是由发动机口喷出高温气体加热机场上的空气，雾滴受热迅速蒸发，实现消雾的效果。

278. 人工如何防雹？

冰雹对人类生产和生活的影响是巨大的。通常情况下冰雹下降突然，来势凶猛，常使丰收在望的农作物在顷刻间化为乌有。如果人工可以防御冰雹的话，要采用什么方法呢？

防御冰雹的思路类似"百鸟争食"。冰雹的大小与当时云中雹胚数量的多少有关。如果雹胚数量不多，每一个雹胚可以通

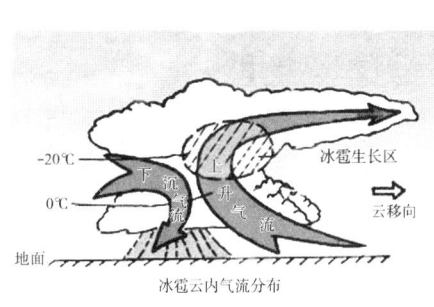

冰雹云内气流分布

过碰并得到更多的过冷却水滴迅速增长成较大的冰雹。当雹胚数量过多时,所有的雹胚都处于饥饿状态,吃不饱也长不大,难以形成大的雹粒。

人工采用高射炮发射含有碘化银的炮弹,或用防雹火箭发射含有碘化银的火箭弹等手段,在形成冰雹的云中增加大量的人工冰核,与云中原来的自然冰晶争夺过冷却水,就可以使雹粒减小,最终起到防雹的作用。

279. 谁造成了海水"咸淡"不均?

造成大洋海水"咸淡"不均的直接原因是不同海区间的降水量存在巨大的差异。总体上来说,太平洋的降水量多于蒸发量,而大西洋的蒸发量大于降水量,因而太平洋海水的盐度小于大西洋海水的盐度;从海区来说,太平洋的阿留申地区是大气中锋面气旋的归宿地,降水量大,表层海水盐度很小;而副热带受高压控制的海区降水量小,蒸发量大,表层盐度就高得多。阿留申海区的盐度虽然低,但所处地理纬度高,水温低,这些低温低盐的海水因密度较大而下沉成为太平洋中的中层水,因而太平洋的中层水盐度就特别低。

280. 风对上层海水的混合有什么作用?

我们知道,造成海水温度升高的主要原因是太阳对海面的直接加热。但大家是否知道,海面向下仅1米左右的海水就可以将太阳射入海水的热量吸收掉接近90%? 如果没有海水的上下混合,这么多的热量只保持在表层,则表层海水温度将不断升高。那么,海水是否能自动地进行上下混合呢? 不能。因为上层海水的温度越高,密度就越小,海水将越稳定。将表层暖的海水与较深层次的海水进行混合必须借助外部的力量。海面上的风,基本上是唯一可以提供海水上下混合的外部力量。由于风作用在海面上,使表层流动与较深层水的流动差别很大,这样就在海面下产生了湍流涡旋。湍流涡旋使上层海水进行混合,混合所能达到的深度与风的大小有密切的关系。海水混合层的厚度可以达到100米左右或更深,但有些地区的混合层厚度较薄,一般来说,较高纬度海区混合层厚度大于较低纬度地区。季风影响大的海区混合层的变化也具有很强的季节性特征。因此,海面上的风对海水的混合起着重要的作用。

281. 大气中的混合层是怎么形成的?

在海洋和大气的边界附近,上层海水因风的搅拌作用或气温的冷却作用形成了温度和盐度随深度几乎很少变化的混合层。海气界面附近大气中也存在这种温度和湿度随高度几乎没有变化的大气边界层混合层。海洋混合层由风的搅拌而成,大气混合层的形成又与什么因素有关呢?

海面上方大气混合层的形成与海面对风的摩擦作用有关。由于风速相对大,风作用于海面的同时,海面对风也存在拖曳作用。另外,海面的波涛起伏对边界附近风速的变化也有很大的影响。这样一来,海面的摩擦作用使贴近海面的风速变得很小,而离开海面上方不远的地方由于摩擦减小,风速很快变大。大气中风速随高度的这种变化在大气边界层中也产生湍流涡旋,在湍流的混合作用下,使海气边界附近的一个层次中,气温和湿度变得很均匀,形成了大气的混合层。

大气混合层一般有100米的厚度。

282. 大气温度对海水上下的混合起什么作用?

海面气温对上层海水的混合也有重要的影响作用。当气温高于海温时,海洋从大气得到感热,海水的稳定度会因此有所增加,使混合层深度变浅。当气温低于海温时,大气对海水起冷却作用,上层海水因失去热量而降低温度,增大密度,使海水的稳定度降低,使混合层深度变深。当强烈的冷却使海水出现不稳定时,造成海水的上下对流运动。在高纬度海区的冬季,因海水冷却降温引起的海水对流经常出现。在较浅的海区,这种冷却使海水上下对流可以使海水从表面到海底同时冻冰。

283. 为什么北太平洋上温带气旋的归宿地是阿留申群岛?

在北半球亚洲和太平洋地区发生的气旋除了在出海前减弱消失、寿终正寝者以外,绝大部分的气旋最终都移向了北太平洋的阿留申群岛海区。为什么温带气旋都"不约而同"地选择了阿留申海区作为它们的最终归宿地?这与东亚沿海附近大气中层上的东亚大槽有关。

原来,气旋生成后,一般都沿着高空低压槽前的气流移动,因为高空低压槽前方有利于气旋的发展。由于海陆分布和青藏高原对大气环流的影响,在东亚沿海存在着全球最强的低压槽,东亚大槽的槽前气流直通阿留申群岛,从亚洲大陆入海的气旋,当然要沿着这条"坦途"归去阿留申了。

284. 为什么北大西洋上的温带气旋都移向冰岛?

与亚洲大陆和太平洋地区的原因类似,出现在美洲大陆和北大西洋地区的温带气旋,除了入海前消失者之外,绝大部分也都移向冰岛附近的海区。

这是由于在美洲大陆东部沿海地带,同样存在着势力仅次于东亚大槽的美洲大槽。槽前的西南气流,方向直指冰岛附近海区。因此,从美洲大陆入海进入北大西洋的温带气旋,最终的目的地自然是冰岛附近海区了。

285. 为什么日本海的东部沿海冬季风雪天气多?

一般情况下,来自热带海洋上的气团由于温度高,常常携带大量的水汽。但来自较高纬度的冷气团也可以携带比较多的水分。在北风呼啸的我国大陆上,从西伯利亚吹来的空气又干又冷。但同样是来自西伯利亚的冷空气,经过日本海上空时,受海洋的影响,气团的性质出现了变化,当到达日本岛屿沿海时,空气变得又冷又湿。由于日本海沿岸多山,冷湿的空气受山坡的抬升,水汽就凝结成雪降落到地面上。

由于冬季冷空气活动频繁,冷空气不断将日本海中的水汽输送到日本去,使得该地区冬季的风雪天气也就特别多。

286. 我国唯一的海洋气象专业是哪一年设立的?

中国海洋大学的海洋气象专业是我国众多的与大气

和海洋相关的教学和科研单位中唯一具有海洋特色、从事"海洋气象"教学和科研的单位。中国海洋大学的海洋气象专业自1958年设立以来,经过几代专家的辛勤努力和开拓进取,特别是在老一辈气象学家王彬华教授和秦曾灏教授的带领下,在原来本科专业的基础上现已增加到两个硕士点、两个博士点和一个博士后流动站。目前的专业名称已改为大气科学专业,隶属于海洋环境学院的海洋气象学系。几十年来,中国海洋大学的海洋气象学专业已培养了大量的专业人才,有的已成为我国甚至世界上知名的海洋气象专家。

"东方红"号综合调查船

287. 你知道如何在海上进行海洋气象观测吗?

海上气象观测与陆地气象观测有比较大的区别。陆地台站的观测场中,土壤中埋设的地温计测量土壤的温度,在海上就需要通过海洋观测仪器测量海水的温度。陆地台站观测场中百叶箱中的干、湿球温度计测量气温和湿度,在海上一般是通过机械的通风干湿表测量气温和湿度。测量气压的仪器也有区别,地面站应用水银气压计,而海上观测多用空盒气压计。风的测量与陆地差别不大,通过固定在船体上的感应器在船舱中测量。与陆地观测侧重点不同的是,海洋气象观测重视海洋与大气间的能量和物质交换,因此,除了常规的风、温、压、湿等外,还利用梯度仪等类型的仪器观测海面附近各个层次风的变化等,通过计算得出海面附近的各种大气物理量。

海洋气象观测仪器

288. 你知道信风是什么样的风吗?

信风,又叫贸易风,是热带海面上方向比较恒定的风。信风带位于副热带高压中心的东南侧和东北侧,北半球的信风为东北信风,南半球的信风为东南信风。信风气流从两个半球副热带高压的中心辐散流出,在赤道辐合带中辐合上升,构成哈得莱环流的上升支。

289. 热带海洋上空的信风对海洋造成了什么影响?

热带海洋上的信风常年从大洋的东部吹向西部。受南北两半球信风的影响,在赤道上层大洋中出现了向西流动的海流。由于南半球东南信风的范围、强度更加广阔和稳定,因此,在赤道上和南半球靠近赤道的地区为强劲的、向西的南赤道流,在北纬 10 度附近为向西的北赤道流。赤道附近这些向西流动的海流受大洋西岸的影响,使大量海水在赤道西部边界附近海区堆积,海面高度升高,西部出现指向东部的压力。在海水压力的作用下,一部分海水在南北两支赤道流的中间形成了赤道逆流,向大洋东部流去,一部分海水在赤道表层南赤道流以下形成了赤道潜流,流向大洋东部。

因此,热带海洋上的信风在赤道海区直接产生了南、北赤道流,间接形成了赤道逆流和赤道潜流。

290. 海流对海上军事行动有什么影响?

海流就像大气中的风。我们都知道,顺风而行可以使人省时省力,逆风而动使人费力费时,横向风吹过来容易使人偏离方向。同样的道理,海洋中的舰船顺流而行将节省燃料,提高航速,逆流将增大燃料消耗,延长航行时间。潜艇和舰艇如果遇到横向的海流则容易偏离航道。鱼雷和水下导弹受海流的影响也会影响准确程度。

291. 海水结冰后,海面风还能影响海洋的运动吗?

海水结冰后,海面风的吹刮仍然可以对海洋产生影响,特别是对于大洋中的浮冰。海水中冰山的移动就是风生海流"运输"的结果。当海面风将暖空气输送到海冰区后,可以使海冰融化,风的吹刮常常是形成海中"冰河"的原因之一。在南、北极附近的海区中,浮冰群的移动对航道安全影响很大。要摸清航道上浮冰情况的变化,或者选择通畅的航道,都离不开对海面风的了解。

冰山

292. 大洋中的赤道潜流是以谁的名字命名的?

在太平洋和大西洋的赤道海区中,表层海水在东南信风的吹送下形成南赤道流。在南赤道流的下方大约150米深度的层次上,存在着一支强劲向东流动的海流,这就是赤道潜流。最早发现赤道洋面下存在潜流的时间是1886年,但它并没有引起人们的重视。直到1952年,美国海洋学家克伦威尔等人在东太平洋东部进行调查时,才再次发现赤道潜流的存在。因而太平洋赤道潜流也被称为克伦威尔海流。1961年,以苏联著名科学家罗蒙诺索夫命名的海洋调查船在大西洋考察时,证实赤道大西洋也存在着潜流。这样,大西洋赤道潜流又被称为罗蒙诺索夫海流。

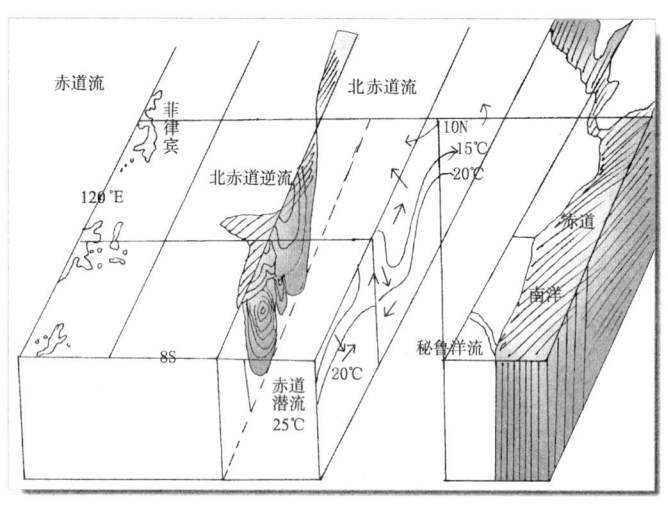

热带太平洋上层洋流

293. 南海海流为什么出现季节性的转换？

我国南海地处热带和副热带，是西太平洋的边缘海。南海海洋环流与北印度洋环流类似，具有非常明显的季节性变化。冬季，整个南海为一个逆时针的环流，夏季，南海基本上为一个顺时针的环流。为什么南海海洋环流在冬夏季节的方向相反呢？

南海环流的季节性转换与大气的季风环流有密切的关系。在北半球冬季，南海在东北季风的控制下，相应的环流为逆时针旋转；夏季，整个南海受西南季风的影响，因此南海的环流为顺时针旋转。

294. 为什么暖洋流海水中的含盐量高？

从低纬度流向较高纬度的洋流由于来自温暖的热

带,因此,洋流中的海水温度要比相邻海区中海水的温度高。如北大西洋中的湾流和北太平洋中的黑潮,都是著名的暖流。但观测发现,这些暖洋流除了水温较高的特点以外,海水的含盐量也比相邻海区的含盐量多。为什么暖洋流海水中的盐度高呢?原来,暖流的源头大多位于副热带地区,对应大气中的气压系统是副热带高压。在高气压的控制下,天空晴朗少云,辐射强烈。海水在阳光的加热下,不断有海水被蒸发为水汽进入大气中。因此,在副热带高压控制的海区中,海洋中因蒸发的水分不能被降水所补充,单位体积海水中的含盐量必然就会增大了。

295. 可以从山东经渤海海面步行到辽宁吗?

山东和辽宁隔着渤海海峡相望,直线距离很近。从山东到东北,如果不乘船或飞机,则只能沿着渤海湾绕圈才能到达。可你知道,在历史上,出现过从山东经渤海步行到辽宁的事吗?

据史书记载,晋朝咸康二年(公元 336 年)前后,渤海海面从河北昌黎到辽宁营口一带,连续 3 年全部封冻,冰上曾来往数千人的军队。唐朝长庆二年(公元 822 年)2月,渤海莱州湾及其以东也出现过"海冻二百里"的事实,因此确实出现过从山东出发,经渤海的海冰直接步行到辽宁的事情。

几千年来,我国沿海地区的气候变化从渤海冰封的历史记录中也可以追寻出它的踪迹。中华民族几千年文明史的记录中不但包含了民族的兴衰循环,也包含了气候变化的规律。

296. 大气、海洋、社会、经济的变化有相似性吗?

大气和海洋的运动具有很强的相似性:流动、温度、上升和下沉、环流和涡旋等等。因此,大气和海洋的动力学方程组非常相似。但如果将大气、海洋的运动与社会、经济相提并论,许多人可能就会认为风马牛不相及了。

但如果从变化趋势的几何特征上来比较,则可以找出许多相似性来。在非线性科学的研究中,非线性系统变化过程的特点是具有自相似性(即部分里面包含着整体的信息)。这种自相似性可以用大气温度的变化来说明:温度的季节变化是夏高冬低,30天～50天振荡的影响造成气温的高低相间,3天～5天高压和低压对一个地区的影响也使气温高低相间,昼夜气温的变化也是高低相间。无论取长的时间尺度还是取短的时间尺度,这种高低相间的特征是相似的。同样的,海洋中的行星尺度波动、潮波、风浪等,也具有非常明显的自相似特点。

证券市场价格的变化曲线,同样也具有这种自相似特征。预测市场变化的波浪理论实际上是对自相似过程的具体应用。同样,社会的变化也具有长时间的变化和短时间的曲折。

另外,对大气和海洋研究的主要目的是作出正确的预测。而对市场的正确预测可以得到直接的收益,因此,大气科学和海洋科学的"超前"意识将有益于正确理解经济和社会的变化。

海洋气象

领悟沧海桑田

297. 河流源头的水是从哪里来的?

"一江春水向东流"。我国地形分布的特点大致为：东部临海地势低,西部高原海拔高。因此,长江、黄河、珠江、黑龙江等大江大河的源头都在远离入海口的中西部高原地区。但河流源头的水最初是从哪里来的呢? 从"春"字我们知道,河水的丰盈与高原冰雪的融化有关,但高原冰雪的水分最初又来自哪里呢?

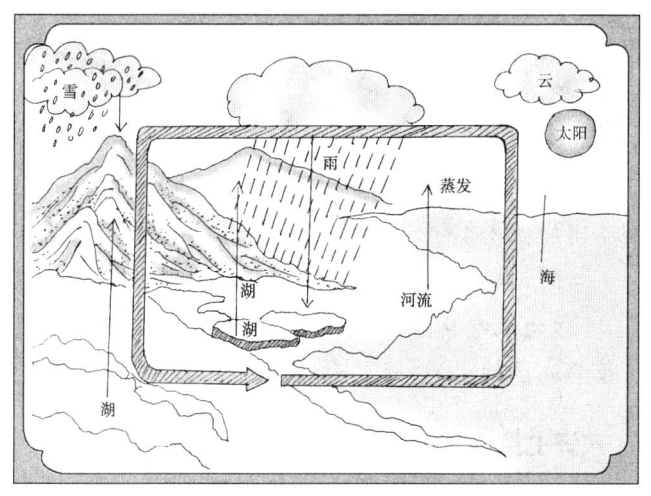

水分循环

其实地球上的水分一直处于不断地变化和循环之中。"河流千里归大海"只是地球水分循环过程的一部分。唐朝的大诗人李白虽然早就知道"黄河之水天上来",但"奔流到海不复回"的结论却下得太绝对了。从江河流入海洋中的一部分水分被蒸发后由大气输送到高原地区变成冰雪降落到地球表面,融化后又从河流的源头进入了沿地球表面回归大海的旅程。对地球水分蒸发、输送、凝结和降落等规律的研究和了解构成了气象学中的重要内容,也是天气预报时要考虑的重要因素和预报内容的重要组成部分。

298. 内陆地区暴雨的水分从何处来？

炎热的盛夏,远离海洋的内陆地区有时会出现非常强烈的暴雨。例如,1977年8月1—2日,内蒙古与陕西接壤的毛乌素沙漠中的木多才当两天降水达1400毫米,相当于我国南方福州全年的降水量。这么多的水分在暴雨发生时是从哪里来的呢？

通过天气图的追踪可以发现,内陆地区暴雨的水分来源仍为海洋。可能同学们会感到困惑,这样远的距离,海洋提供的水分是怎么输送过去的呢？原来,内陆地区暴雨发生时,在离地面不是太高的空中会出现风速很大的气流(称为低空急流)将水分源源不断地从海洋上空输送到暴雨地区的上空,降落到地面上就形成了暴雨。

299. 大洋上空大气中的凝结核来自哪里？

大气科学的理论和实验已经证明,在十分纯净的空气中,水汽通过水分子结合只能产生百万分之一毫米的云滴胚胎。这样小的胚滴能够在空气中存在的条件是:空气含水汽要达到百分之几百的过饱和度。而一般情况下大气中的水汽含量小于百分之百,空气中的水分子不能自身聚合成云滴。但当大气中存在凝结核时,凝结核可以起到凝结核心的作用。在陆地上,火山喷发、矿物燃烧和工厂排放的可溶性粒子以及地面扬尘中的某些粒子都可以成为云凝结核的来源,但在离大陆遥远大洋上空的大气中,云凝结核来自哪里呢?

有人考虑海浪飞沫蒸发出的海盐粒子可以为大洋上空的降水提供凝结核,但根据对自然云核的化学分析,多数粒子可在300℃下挥发,很可能是硫酸铵一类物质,而海盐的主要化学成分是氯化物。另外,从云核随高度的分布来看,大陆气团5000米高度层次上粒子的浓度是地面的五分之一,而海洋气团中粒子在各层高度上的粒子浓度都相差不大。因此,大洋上空的水汽凝结核应主要源于陆地,由风从陆地上输送到大洋上空。

300. 为什么大气中的热量不是直接来自太阳?

"万物生长靠太阳"。太阳辐射是地球能量来源的最主要部分。但是,大气温度的升高是不是太阳直接加热的结果呢?有的同学可能会根据冬天的体验断定大气温度的升高是太阳直接加热的结果,因为早晨太阳出来后空气温度会不断地升高。这种看法是不对的。想想冬天取暖的情景吧:离火炉越近,空气温度越高,人就感觉到暖和。一般情况下,底层大气的温度随高度的增加是减小的,许

地球表面受太阳加热后再加热大气

多避暑胜地位于海拔高度较高的山区就是因为距离地球表面比较远的缘故。根据计算,大气中热量的绝大部分来自地球表面,底层大气直接吸收太阳辐射得到的热量只相当于从地球表面获得热量的五分之一。

地球表面加热大气的热量主要从哪里来的呢?太阳辐射。原来,大气对热量吸收的波长是有选择性的,它比较喜欢吸收地球表面放出的长波辐射,而"放过"大部分的太阳短波辐射到达地球,等到地球表面被加热后再吸收长波辐射。

301. 海洋性气候有哪些特征?

海洋性气候是受海洋影响比较显著地区的气候,与大陆性气候相反。海洋性气候一年之内最高和最低气温的差值一般不超过20℃,而大陆性气候最显著地区的气温年较差却可以超过100℃;海洋性气候一天之内最高和最低气温的差值一般不会超过10℃,而大陆性气候的气温日较差却可以超过30℃。最热月份和最冷月份时间,海洋性气候在北半球一般8月份最热,2月份最冷,有些海区的最热和最冷月份甚至在9月和3月;而大陆性气候在北半球最热和最冷的月份分别是7月和1月。在湿度方面,一般海洋性气候空气湿润,而大陆性气候空气干燥。

302. 什么是海洋性气候?

"海洋气候"和"海洋性气候"一字之差,表达的内容是否也存在很大的差别呢?"海洋气候"指的是海洋上大气的多年平均运动状态,以及随时间、空间的统计变化特征。一般而言,主要指的是大洋上气温、气压、降水、风、云量、湿度、蒸发等各种要素在时间和空间上的分布。

"海洋性气候"指的是受海洋影响显著、临近海洋地区的气候。海洋性气候是相对于大陆性气候的一种气候类型,它最主要的特征是冬暖夏凉、秋暖春凉。

海上风云

303. 海洋性气候只有一种吗?

风光旖旎、风景如画的夏威夷是旅游观光的好地方。虽然地处副热带,但因四周被大洋环绕,最高温度也只有30℃多。是不是所有的海洋性气候都类似于夏威夷的气候?不是的,否则世界上的旅游胜地就会太多了。

同样都位于赤道地区,热带东太平洋沿岸和海岛上的气候因冷洋流的影响,虽然温度的变化幅度不大,但由于降水稀少,属于低温干旱型的热带海洋性气候;而热带西太平洋沿岸和海岛上的气候因具有充沛的降水,属于高温高湿型的热带海洋性气候。位于温带的青岛等沿海和海岛的气候则属于温带海洋性季风气候。欧洲沿海国家和英国则属于温带湿润型海洋性气候。

因此,地理位置、海水性质等因素的差异可以产生差别比较大的海洋性气候。

304. 为什么说海洋是气候的大空调器?

海洋对气候要素中的气温和湿度的变化具有极大的影响,有些类似于空调的作用:气温低的时候加热空气,气温高的时候对空气进行冷却,保持相对稳定的湿度。为什么会这样呢?

海洋调节气候

原来,海水和陆地土壤储存热量的能力有很大的不同。由于土壤容纳热量的能力远远小于海水,因此,春季到来时,同是地球表面的陆地很快被加热,所以土壤上空的大气温度很快就会升高;而海水的热容量很大,需要更长的时间被加热才能增加温度,所以海洋上空的气温在春季增加得很慢。同样的道理,在秋、冬季节,陆地很快就冷却下来,但缓慢的海水降温使上空大气温度比陆地上的空气温度高出许多。因此,宜人的海洋性气候主要是有海水巨大的容纳热量的能力进行调节的。

305. 海洋和陆地为什么对大气的影响不同?

海洋和陆地虽然都处于大气下方的地球表面,但由于"性格"不一样,在对大气的影响作用方面具有比较大的差别。第一个原因是由于海水流动对热量的输送,如欧洲西部和北部的气温比同纬度高的原因就在于北大西洋暖流的影响。第二个原因是海洋除了像陆地那样从地球表面加热大气外,还通过水的相变(如水汽凝结成水,水凝结为冰等)释放的热量在大气的中、上层对大气进行加热。因此,除了陆地表面在对被太阳加温的"态度"上反映比海洋敏感得多以外,海洋通过将热量和水分沿地球表面的输送对大气的影响变得更加复杂和影响深远。

306. 海岸带气候有什么明显的特点?

海岸带位于海洋和陆地的结合地带。大家知道,由于陆地和海洋具有不同的热力性质,海洋性气候和大陆性气候具有明显的差别。介于其中的海岸带气候则兼有两种不同气候的特点:靠近海洋的一侧具有明显的海洋性气候特点,而靠近大陆的一侧则明显受到陆地的影响。

因此,海岸带气候最明显的特点就是它的变化性。从海洋向陆地的方向,湿度逐渐减小,温度的日变化和年变化幅度则逐渐增加。

307. 海洋性气候和大陆性气候最主要的区别是什么?

气候是指某个地区长时间天气变化的平均特点。由于海洋和陆地对大气的影响作用不同,沿海地区与内陆地区的气候变化具有不同的特点。那么,海洋性气候与大陆性气候有什么主要区别呢?

大陆性气候

"早穿棉,午穿纱,围着火炉吃西瓜",这是位于亚洲大陆腹地的我国新疆地区气温日变化的特点。在夏季的白天,新疆某些地区的最高气温可达40℃多,而冬天这些地区的气温又可低达零下几十度。同时,这些地区一年中大部分时间空气的含水量都比较小。而位于东部地区的青岛,通常情况下每天的最高温度和最低温度相差在10℃以下。与同纬度其他内陆地区相比,空气湿润,冬无严寒,夏无酷暑,气温的年较差也比较小。因此,空气相对湿度的变化小、相对相同纬度其他地区气温日变化幅度和年变化幅度小是海洋性气候的主要特征。

308. 海洋气候带有几种类型?

地球上气候带的分布与太阳辐射量的多少具有密切的关系。海洋气候带是关于赤道对称的,从赤道向两极,可分为赤道海洋气候带、热带海洋气候带、副热带海洋气候带、温带海洋气候带、寒带海洋气候带以及极地海洋气候带。

309. 赤道海洋气候有什么特点?

赤道海洋气候带位于南北纬10度之间,是相对稳定的、没有季节变化的气候带。这种气候带内太阳辐射强烈,空气以上升运动为主,水平风力微弱,终年气温高,湿度大,云量多,降水量大。降雨的时间多出现在夜间或午后,以阵发性降水为主要降水形式。

310. 热带海洋气候有什么特点?

热带海洋气候带位于南北两半球副热带高压带向南一侧的信风带位置上。这个气候带中的风力比较稳定,大洋东部受冷海流的影响,气温不高,夏季在24℃～26℃之间,冬季在20℃～26℃之间,湿度大,降水少,年降雨量仅为100毫米～150毫米,雾多,近岸有沙漠。大洋西部受暖海流影响,气温高,湿度大,有大量对流云组成的热带云团,常出现大风和暴雨。

311. 副热带海洋气候有什么特点?

　　副热带海洋气候带在热带海洋气候带和温带海洋气候带之间,是偏东的信风带和西风带交替控制的地带。该气候带的一个特点是季节变化明显,夏季受热带气团控制,天气晴朗,降水量和风力都小。大洋东部夏季天气凉爽干燥,冬季盛行西风,常出现气旋和锋面,雨量较夏季显著增大。大洋西部一般为季风气候,夏季高温多雨,冬季低温干燥。

312. 温带海洋气候有什么特点?

　　温带海洋气候带位于副热带海洋气候带和寒带海洋气候带之间,是中纬度海洋季节变化显著的地带。该气候带终年盛行西风,风力强劲,气温变化和缓,冬无严寒,夏无酷暑。全年气旋活动频繁,降水较多。大洋东部冬暖夏凉,湿度较大,降水较多;大洋西部受季风影响,冬季寒冷干燥,夏季湿润多降水。

313. 寒带海洋气候有什么特点?

　　寒带海洋气候带在温带海洋气候带和极地海洋气候带之间,是高纬度海洋气候带。该气候带冬季寒冷,冬季气温低于0℃,夏季凉爽,气温在0℃～10℃之间,常年盛行东风,降水少,年降水量平均只有120毫米左右。

314. 极地海洋气候有什么特点?

　　极地海洋气候带主要指北冰洋和南极洲大陆边缘洋面地区的气候。该气候带的最大特点是温度低。冬季为极夜,大部分地区为常年冰雪,北极海区1月份平均气温为零下32℃,盛行东风;南极沿海年平均气温零下10℃,盛行风为南极高原吹下的南风。夏季为永昼,多低压活动,太阳辐射多用来消融冰雪,气温也不高,北极海区7月份的气温平均为零下2℃。极地海区的降水量不大,北极海区的年降水量约为200毫米,南极海区的年降水量只有120毫米左右。

爱斯基摩人

315. 什么是气候系统?

气候系统指的是大气圈与水圈、冰雪圈、岩石圈、生物圈之间的相互作用。

1974年,在瑞典斯德哥尔摩召开的世界气候物理基础和气候模拟会议提出:在了解地球形成和它的变化机制中,我们面对一个极其复杂的物理系统。这个系统不但包含着我们比较熟悉的大气行为,而且还包含着我们还了解不多的世界海洋、冰体和陆地表面各种各样的变化。除了物理过程以外,还有复杂的化学、生物过程影响着气候,也影响着地球上人类和其他有生命的世界,这些过程在各种不同的时间和空间尺度上有着复杂的相互作用,并构成了一个相互作用的气候系统。

沧海桑田

316. 气候系统中有哪些主要气候过程?

在气候系统的各子系统内部及系统之间,存在着多种气候过程。其中最主要的过程主要有:辐射和云过程、陆面过程、海洋过程、冰雪圈过程、大气化学过程。

云通过对太阳辐射和地球辐射的吸收、反射和散射改变加热和冷却分布来影响大气运动。云还通过水汽凝结形成潜热源,使大气过程和水分循环过程相互作用。陆地表面因不同的植被类型和土壤特性,影响地面的反照率、积雪面积、地面粗糙程度、土壤湿度等因素影响地面与大气之间的动量、热量和物质交换。海洋通过加热或冷却影响大气，海流的热量输送在大气热量平衡中起着重要的作用。冰雪对太阳辐射的影响与气候变化存在着相互促进的作用，但冰雪的增多减少了大气中水汽的含量。大气化学组成在地球和大气的辐射能量收支平衡当中也起着重要的作用。

317. 为什么南半球的气候变化幅度比北半球要小得多？

地球南北半球气候的变化幅度具有比较明显的差别。北半球气候变化的幅度要比南半球气候变化的幅度大得多。这种差别是什么原因造成的呢？

从海洋性气候和大陆性气候的对比中，我们知道，受海洋影响大的海洋性气候无论是温度还是湿度的变化幅度都比大陆性气候小得多。这是由海洋巨大的热容量对气候的调节作用决定的。如果我们看一下世界地图，就会发现，南半球的海洋面积比北半球要大得多。从另一个角度来说，就是北半球受陆地的影响要比南半球大。因此，同样是位于副热带大洋洋面上高压强度的季节变化，南半球副热带高压的季节性变化相对很小，而北半球副热带高压在冬季强度很小，但在夏季则非常强大。

因此，南北两个半球气候变化幅度的差异是由海陆面积的比例决定的。

318. 气候预测为什么必须考虑海洋的影响？

气候预测是指时间超过1个月以上的预报。做气候预测必须考虑海洋的影响，因为如果不考虑外界对大气

探索气候变化

的影响,大气自身的动能在一个星期左右就会被消耗殆尽。由于大气的能量主要来自地球表面,而地球表面超过70%的面积是海面,海洋热力状态的变化必然要影响大气的运动。近年来,随着人们对赤道洋区了解的加深,气候预测的准确程度也得到了提高。因此,可以这么说,要想做好气候的预测,必须先了解海洋的变化。

319. 如果海洋面积变小,气候将会是什么样子?

大家知道,地球表面海洋的面积占整个地球面积的71%,有没有同学想过,如果海洋没有这么大,气候会是什么样子?

如果海洋面积变小,陆地面积变大,则海洋对气温的调节作用就会减小,夏天会更加炎热,冬天会更加寒冷,白天会炎热无比,夜间则气温很低。就会有更多地区的气候像新疆的气候,但哈密瓜的价格则会大跌,因为具有类似气候特点的地区增多了。

如果海洋面积变小,干旱地区的面积就会扩大,因为海洋面积的缩小意味着进入大气中的水分也会减少,降雨量也会减少。

如果海洋面积变小,整个地球的平均气温也会下降,因为大气中的水汽含量减小了。大气中的水汽对地球表面长波辐射的吸收作用很强,水汽含量减少导致大气对地球表面放出长波辐射的吸收能力降低,气温就会下降。

320. 海洋的流动与大气有关系吗?

也许有的同学读过漂流瓶传递信件的故事,了解了海水流动的现象。比如你在青岛扔一个密封的漂流瓶到大海里去,有可能这个瓶子会被居住在日本海边或美国西海岸的年轻人捡到。但你有没有想过,居住在澳大利亚或新西兰海边的人有没有可能捡到呢?实际上基本没有可能,那是为什么呢?

大范围海洋上层的流动(称为风生漂流)是在风的作用下产生的,因此,大洋中的海流与其上空大气系统具有很好的对应关系。在赤道附近的东风吹刮下,海洋中存在向西流动的南赤道流和北赤道流。在中纬度西风带,对应的是西风漂流。在南美洲西海岸,向北的风对应向北的流等等。简单地说,在北太平洋,中纬度以南基本是一个顺时针的环,对应大气中的西太平洋副热带高压;而中纬度以北,基本是一个逆时针的环,对应北太平洋阿留申群岛上空的低压。不过,你可千万不要以为海流的图像就是这么简单哟,因为还有许多海流,如赤道附近的赤道逆流,南海北部的南海暖流,等等,它们流动的方向与上空风的方向是相反的。

321. 是谁让大洋深层水潜入洋底的?

虽然海洋的水很深,但除了特殊的海区外,表层海水很难与底层海水调换位置。那么,为什么底层的海水总是在深处呢?

从"不倒翁"站立不倒的原理中我们知道,密度大的物质在下,密度小的物质在上是一种稳定的状态。尽管表层密度小的海水波起浪涌,但不会影响密度大的深层水。由于海水的密度主要由温度和盐度决定,底层海水密度大是因为它具有低温或高盐的特点。又是什么原因使大洋底层水低温或高盐呢?是气

候。在寒冷的海区,海水因蒸发增加了盐度,一部分海水结冰后进一步增加了未结冰海水的盐分,冰下的低温高盐水因密度大就会沉入大洋底层,形成了大洋底层水。

322. 南极海区为什么是大洋底层水的诞生地之一?

大洋深层水的形成需要寒冷的气候,因此寒冷的南极海区便是孕育大洋底层水的好地方。南极地区是地球上气温最低的地区,极端最低气温曾观测到零下94℃。

极端的低温使南极大陆边沿附近威德尔海和罗斯海等海区中海水的温度很低,海水的密度变得很大,沉入到大洋的底层便形成了底层水。

323. 格陵兰附近海区为什么是大洋深层水在北半球的诞生地?

北极地区的气温也是地球上气温很低的地区,但是北极海区的海水盐度比南极海区海水的盐度要小得多。因此,与南极相比,北极底层水的数量很少。但北大西洋格陵兰岛附近的海区却是北半球形成深层水的主要海区。原因是当大西洋中流向北欧的表层暖水在行进过程中,随着大量的表层海水蒸发,使表层海水的盐度越来越

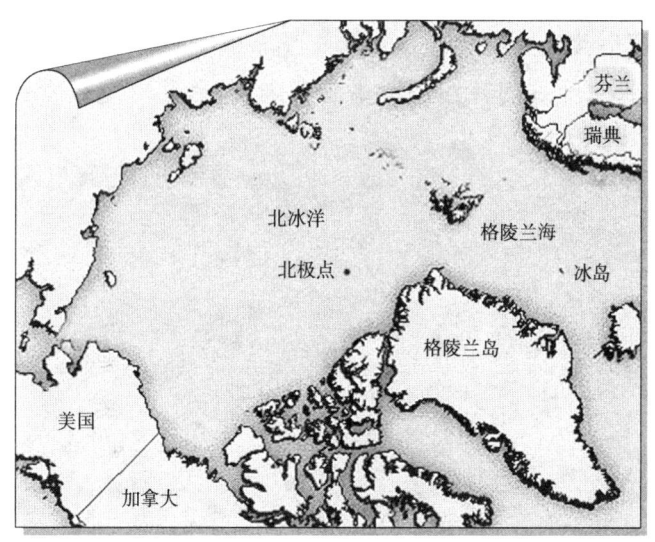

北冰洋

大。当盐度大的海水流经寒冷的格陵兰岛附近海区时，在低温的作用下海水的密度将会变得很大，下沉到深层，形成了唯一在北半球形成的深层水。最新的气候研究表明，格陵兰岛附近海区深层水形成状况的异常对长期气候的变化具有重要的影响。随着全球性气温的变暖，北极融冰将新鲜的淡水注入北大西洋，使得格陵兰岛附近海区海水密度减小，难以下沉。海面下向南的洋流将会停止。这种情况造成的后果是使整个欧洲变得寒冷。

324. 为什么大洋深层水不能在北太平洋产生？

太平洋的面积在世界大洋中是最大的，但世界大洋中的深层水却没有一点是来自太平洋的，这是什么原因呢？原来，在北太平洋的阿留申群岛附近，大气中经常存在一个被称为阿留申低压的天气系统。在低压的控制区域，北太平洋海区中的降水量非常大，大量的降水使表层

北极奇光

海水的盐度非常低,尽管北极附近海区的气温也非常低,但因含盐量低,海水密度相对小,不能下沉到深层,因此北太平洋不能形成深层水。

325. 太平洋中的中层水为什么盐度高不起来?

太平洋虽然是地球上面积最大、水量最多的大洋,但有关研究表明,太平洋得到的水分要超过它因蒸发失去的水分。换句话说,如果把太平洋因蒸发失去的水分看作"支出",从大气中降落到太平洋的雨水看作"收入",则太平洋的收入大于支出。净的水分收入是从哪里来的呢?是从大西洋来的。也就是说,从长期观点来看,太平洋表层海水的盐度因降水而减小,而大西洋表层海水盐度因失去水分而增加!由于北太平洋中的中层水形成于北极附近海区,因此太平洋中层水具有一个鲜明的特点,那就是它的盐度很低。

326. 海冰对气候变化有影响吗?

冰冷的海冰在极地附近,有的作为冰帽默默地记录着地球千万年的变化,有的作为冰山浮动,为极地动物提供免费的运输服务,或者对胆敢侵入冰海的人类提出警告。例如,"泰坦尼克"号与冰山的相撞。但海冰对气候变化具有重要的影响就不是人人可以理解的了。

海冰冰面对大气的影响是通过影响太阳辐射进行的。我们知道,引起大气温度升高的热量主要来自地球表面,而地球表面的温度与接收到的太阳辐射有关。夏天人们穿浅色衣服比穿深色衣服感到凉快一点,是因为浅色衣服对太阳光的反射能力强于深色衣服。同样的道理,冰雪表面对太阳光的反射能力比海水表面大,如果海冰面积增加,反射出去的太阳辐射量就大,地(海)面因接收到的热量少而使温度降低,从而气温降低。气温的降低又会增加海冰的数量,于是反射出去的太阳辐射就会更多,引起进一步的气温下降。海冰数量的增减对大气温度的影响必然影响到大气环流的变化,导致气候出现异常。

北极冰雪

327. 海水中的盐度变化为什么会影响气候和天气?

由于大气是由地球表面加热的,因此,海水温度是影响气候变化的极重要因素。如果说海水中的盐分对气候变化也有重要的影响,你会相信吗?从表面来看,海水中的盐分无法直接与气候变化联系起来,可是只要考虑到盐度能够影响海水的温度,就容易理解了。

我们知道,深层海水的温度比表层海水的温度低得多。表层水不能沉到深层去的原因是深层海水的密度相对表层大。海水的密度是由什么决定的呢?是温度和盐度(1千克海水中含有溶解物质的总量,克/千克)。温度越低,盐度越大,海水的密度就越大。如果某个海区表层海水的盐度因某种原因增大时,相同温度下,海水的密度就会增大。当盐度增大到使上层海水的密度大于深层水密度时,就产生下沉的运动。某一海区海水的下沉必然引起另外海区海水的上升,深层低温的海水上升影响到表面海水温度的变化,自然就会对气候的变化产生影响了。当某一海区因降水的原因使表层盐度降低时,表层海水的密度减小,不利于较深层海水与表层海水的混合,造成表层海水温度的异常升高,就会对天气的变化产生影响。

328. 在厄尔尼诺事件的研究中为什么不考虑盐度的变化?

海水盐度的变化可以影响气候和天气,但对短期气候的研究,如在对厄尔尼诺事件的研究中却不考虑盐度的影响,这不是矛盾了吗? 其实并不矛盾。由于太阳辐射、环流和岸界的原因,海水盐度增加下沉的海区在大西洋的格陵兰岛附近,由盐度导致的海洋环流变化对气候影响的时间尺度是上百年或上千年。而厄尔尼诺事件一般 3 年~4 年出现一次,海水盐度对这种时间尺度气候变化的影响微不足道,因此对厄尔尼诺事件的研究工作一般不需要考虑盐度的影响。

329. 火山爆发为什么会影响气候的变化?

火山爆发是地球上经常发生的一种自然现象。火山爆发为什么能够影响气候呢? 首先,火山爆发可以把地球内部的许多热量释放出来,比如海底的火山爆发可以

火山喷发

增加某一海区海水的温度,海水温度的变化进一步影响气候的变化;其次,陆地上喷发的火山,将大量的火山灰释放到大气中,减弱了太阳辐射的强度,使地球表面温度降低;最后,由于火山灰在大气中的浓度不均匀,可能会使大气环流和海洋环流出现异常,导致气候出现异常变化。

330. 哪类火山爆发对气候变化的影响大?

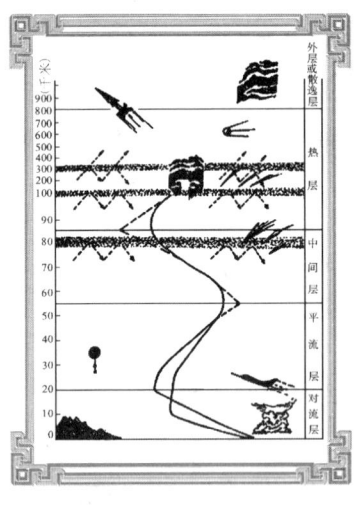

大气分层

并不是所有的火山爆发都能够影响气候变化。例如,对于陆地火山来说,陆地上火山对大气的直接加热对气候变化的影响就非常微弱。陆地火山对气候的影响主要是火山灰对太阳辐射的影响。同学们知道,气候变化是一种长时间的变化,除非火山灰能够长时间地"呆"在大气中,否则,火山对气候的影响只能是"昙花一现",作用很小。有关研究表明,只有那类能够把火山灰输送到平流层的火山爆发才能够影响气候。那些喷发高度比较低的火山,虽然将大量的灰释放到大气中,但在对流层中的灰尘通过凝结降水很快就被清除降落到地面上,只有进入大气平流层的火山灰可以在地球的上空飘荡几年,长久地产生影响。

331. 大气系统的温度为什么变化不大?

地球是一个开放的系统。所谓开放,是指地球上的能量既有来自外部的"收入",也有向外散发的"支出"。从气候四季循环周而复始的事实看出,地球上大气能量的"收支"大体上是平衡的。由于大气主要受到地球表面的加热影响,地球表面热量的"收支"也是大体平衡的。如果把到达大气顶部的太阳辐射量作为100单位,则大气的热量收入为:来自地

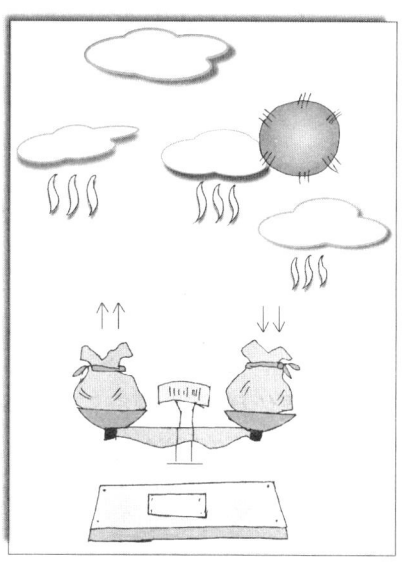

大气的热量收支平衡

球表面的热能144,直接吸收太阳辐射26;热量支出为:向地面放射101,向外太空放射69。地球表面的热量收入为:来自太阳49,接收大气辐射101;支出为:向大气提供

144，反射太阳辐射 6。

需要注意的是，在上述"账目"中，地球表面和大气的热量交换是大气得到的热量。地球表面"损失"的热量需要从太阳辐射"补充"才能维持平衡。

332. 为什么二氧化碳被称为温室气体？

随着工业化进程的加快，人类向大气排放的二氧化碳急速增加。另一方面，由于大面积森林被砍伐，草原被毁灭，地球表面的植被日趋减少，整个植物界从大气中吸收二氧化碳的数量减少。两种因素的共同作用使得大气中二氧化碳的含量持续增长。二氧化碳是地球上的温室气体，大气中二氧化碳的含量增高将导致地球低层气温的升高。为什么二氧化碳是温室气体呢？原来，二氧化碳分子对来自太阳的可见光几乎完全透过，但对地球表面发射的长波辐射可以有效地吸收。也就是说，二氧化碳起的作用就像温室的透明膜一样，允许热量进来，阻碍热量散发出去。因此，二氧化碳被称为温室气体。

333. 二氧化碳含量增倍对气候将有哪些影响？

大气中二氧化碳的含量一个劲地增长，对气候变化有多大的影响呢？有关研究表明，当二氧化碳的含量加倍时，气候主要在三方面引起变化：

一是导致低层气温升高，高层气温降低。北半球中纬度地区平均可升温 1.5℃，全球平均表层气温上升 1.7℃。赤道地区温度上升幅度较小，两极地区气温上升较多。

二是导致海水温度和盐度的变化。表层水温在北纬

60度最高可升高 1.7℃,两极地区升温最少。表层盐度在北纬 60 度减少最多,约减少千分之零点四。温度和盐度的变化又可以影响大气环流和海洋环流的变化。

三是引起降水量和土壤湿度的变化。两半球副热带地区的降水将减少,中高纬度地区的降水有所增加。

334. 海洋对大气中二氧化碳含量有无影响?

从物理学角度来讲,海洋主要是通过加热或冷却大气以及洋流对热量的输送对气候产生影响。但从化学的角度看,大气中二氧化碳的浓度与海洋的关系更加至关重要,因为在大气圈和水圈之间具有强烈的二氧化碳交换。二氧化碳用于中和海水中的碳酸根离子是一个重要的归宿。另外,海洋中藻类的生长也可以消耗大量的二氧化碳。据估计,大气中约有 90% 的二氧化碳是被海洋来转化的。如果海洋因为某种因素减少了对大气中二氧化碳的吸收(如海水污染不利于海洋藻类生长),则必然对气候的变化产生巨大的影响。

335. 海洋在气候变化中起哪些作用?

海洋在气候变化中主要起到能量库、空调器、水汽源、热量输送带等作用。研究表明,海洋吸收了进入地球大气系统太阳辐射量的 70%,并将其中的 85% 贮存在海洋表层,再以辐射加热、凝结加热等形式输送给大气,成为大气运动的直接能源。从地面到大气顶部的气柱中蕴含的热量近似等于从表面向下 3 米深海水柱中所含的热量。由于巨大的热惯性,海洋的变化比大气慢得多。上层 100 米深海水温度降低 0.1℃ 释放的热量全部用来加热大气,可以使大气温度升高6℃。冬天海洋为冷空气加温,夏天海洋为暖空气冷却,使气候的季节变化和缓。大气中的绝大部分水汽来自于海洋,没有海洋水汽的供应,陆地上将会出现更多的不毛之地。海洋中的海流直接将热量向高纬度输送,没有海流的输送,欧洲、加拿大西部的气候要比实际寒冷得多。

336. 海洋对气候冷暖有什么影响?

同学们已经知道,大气中的大部分能量来自海洋。大家想一想,如果海洋表面的温度发生了变化,气候必然也会出现相应的改变。海洋通过二氧化碳对气候变化的影响是体现在长时间的气候变化,但某些海区海水温度出现异常对短期气候冷暖变化影响是很大的。

当热带太平洋海水异常偏暖,即厄尔尼诺事件时期,高温海水的面积增大,因此进入大气的热量增多,使得厄尔尼诺年后期冬季气候要相对温暖,如1997年的冬季,世界上许多地方都出现了异常偏暖的冬季,石油价格因此下跌。

当地球表面高纬度海区海冰面积扩大时,将有更多的太阳辐射被反射回太空中去,地球表面得到的热量减少,就会导致某些地区异常寒冷气候的出现。

337. 气候变暖对人类社会的影响大吗?

气候变暖对人类社会的影响是世界各国政府和科学家异常关注的问题。二氧化碳等温室气体造成对气候变化的影响有人曾用世界末日般的景象描绘,想象着由于海面升高,自由女神塑像的下巴会浸没在一片汪洋中,或者位于北极圈附近的挪威会受到热带疾病的威胁。全球性气候变暖为什么可能会有这么严重的影响呢?

问题在于在地球上,许多海冰以冰山的形式存在于两极地区。如果气温上升导致两极冰雪融化,泛滥的海水将淹没地球上现在所有的海洋沿岸经济发达地区,人类社会将经受巨大的冲击,因为几乎所有国家最富饶的地区都在沿海地带。另外,由于海水面积和海水温度分布的改变将有可能导致气候类型的改变,有些地方将变得十分潮湿,也有些地方将变得十分干旱。气候的改变也有可能导致疾病的流行等一系列问题。

气候变暖使海平面上升

因此,全球性气候变暖对人类社会的影响非常巨大。人类应当对这个问题给以足够的重视。

338. 你相信绵羊打嗝可以使气候变暖吗?

2000年11月2日,青岛经济信息网转发了一则新闻,题目是:"科学家指出绵羊和奶牛打嗝导致全球变暖"!新西兰科学家对该国绵羊打嗝引起的地球温度升高现象进行了研究,表明绵羊和奶牛打嗝过程中会产生甲烷,这种气体是除了二氧化碳之外容易在地球引发"温室效应"的第二大有害气体。新西兰的绵羊和奶牛打嗝产生的甲烷占引发该国温室效应气体总量的43%。在法国,科学研究表明,由这些动物打嗝产生的甲烷也占该国甲烷总产生量的15%。科学家指出,如果能够找到阻止绵羊在打嗝过程中产生甲烷的方法,那将大幅度减缓地球温度持续升高的趋势,有利于人类的长久生存。

339. 气候变暖对人类是福还是祸?

现今,由于气候变暖,世界上大部分沿海国家的海平面都在缓慢地上升着。我国海洋学家的研究表明,我国相对海平面上升率为0.14厘米~0.20厘米,全球海平面上升率为0.15厘米~0.16厘米。就浙江省而言,平均上升速率为每年2毫米,并有加速上升的趋势。另据预测,到2010年上海的相对海平面将上升25厘米;到2050年,珠江三角洲的相对海平面将上升40厘米~60厘米。

海平面上升对国民经济有非常不利的一面:风暴潮加剧,洪涝威胁加大,增加排污困难,港口功能减弱等。还可能出现盐水入侵、土壤盐渍化、海岸带侵蚀加重等问题。因此,科学家们建议,加强海岸及沿河防御工程建设,提高抵抗风暴潮和洪水的能力,采取多种方法控制地面沉降等。

气候变暖也不是一无是处。在对温室气体不采取任何削减措施的情况下,公认的本世纪全球增暖幅度平均值为2℃。如果最强的增暖发生在极地地区,那么大多数

人类居住地区气温升高将低于2℃。由于气温升高,平均降水量将增加。根据一个生物物理模型计算光合作用和净生产力的结果,某些植物在二氧化碳浓度较高的状况下生长得更好。净生产力将随变暖而增高。更暖、更湿的世界将是一个更加绿色的世界。结果是热带和温带将向高纬度迁移,把北方的森林推进到现在的冻土带。

340. 气候变暖是否都会使降水量增大?

据科学家预测,如果温室气体的排放得不到有效控制,在今后100年内,全球气温将升高1.0℃～3.5℃。由于大气中的含水能力随温度的升高指数增长,加上气候变暖后,海洋上的蒸发量也大大增加,这样就会增加大气中的降水量。但是否地球上每个地区的降水量都会增加呢?

大气中发生降水除了要有水汽供应以外,还必须具

备使水汽凝结变成水滴的条件。当气候变暖后,同时具备上述两个条件的地区发生洪涝的机会就会增大,但是空气上升、水汽凝结条件机会少的地区由于温度升高,蒸发量增大,气候将变得更加干旱。例如,根据有关的研究,气候变暖将使我国的华北地区更加干旱。由于现在华北地区的水资源已经严重不足,可以想象,气候变暖对将来的生产发展和日常生活将会产生更大的影响。因此,控制温室气体的排放,延缓气候变暖的速度,已经是各国面临的共同问题了。

341. 气候变暖将使哪些区域的国家受益?

全球气候变暖幅度最大的地区在极地地区。科学家的研究表明,海平面上升后,热带、亚热带地区的国家将是受害者,如非洲、南美及亚洲的大多数岛国将蒙受损失,而北方国家反而将从中获益。例如,北美、欧洲、独联体各国将是气候变暖的受益者。由于美国所处的地理位置在北半球,美国也将从气候变暖中获益。

342. 城市化程度的提高对气候变化有什么影响?

随着人类社会工业化程度的提高,各个国家都出现了许多人口众多的城市。城市的增多改变了地球表面原来的面貌,也改变着地球上的气候。

城市化对气候的影响主要是"热岛效应"。"热岛效应"是指由于城市的存在使得市区气温高于周围非市区气温。近年来,随着高层建筑的不断涌现,玻璃幕墙的广泛应用,空调器的逐渐普及,冬季集中供暖或分散取暖等影响,使市区空气得到的热量远多于非市区,"热岛效应"

更加明显。

城市化对气候的影响还体现在化学物质对气候的影响上。如某些条件下汽车排放的尾气生成的化学烟雾、烟尘等对太阳辐射的影响,都可使气候发生变化。

343. 气候变暖对农业有什么影响?

"白露早,寒露迟,秋分种麦正当时。"这是在黄河中下游地区流传多年的农谚。这条农谚是根据长期的气候特点总结出来的种植小麦和大蒜的最佳播种时间,白露、寒露、秋分都是1年24节气中的3个节气。如果播种早了,小麦分蘖后在越冬前会出现过早生长,如果晚了,小麦又不会有足够的分蘖,播种过早和过晚都会影响到第二年的产量。如果气候变暖,冬天来得晚,秋分播种的小麦也会出现越冬前分蘖过多和过早生长,使第二年减产。自20世纪80年代以来,黄河中下游地区小麦的播种时间都已经推迟到秋分以后,从物候的角度也证明气候正在变暖。

除了上述直接影响以外,由于气候变暖与大气环流的异常变化联系在一起,降水量和降水时间的变化对农业也有很大的影响。温度和湿度的异常变化导致的病、虫灾害对农业生产的影响也非常明显。

344. 四川人喜欢吃辣与地区气候有关吗?

四川、湖南人饮食生活中喜欢吃辣,这仅是某些地区的生活习惯,还是与气候有关呢?根据地区气候特点,四川人的口味偏辣极有可能与四川盆地的潮湿气候有关。

四川位于青藏高原的东侧,西侧的高原就像大气海洋中的一个巨大的岛屿。气流受高原东侧边界摩擦的影响，在四川盆地的大气中经常产生一个低压涡旋。这个涡旋在天气学中被称为"西南涡"。由于西南涡的存在，四川盆地经常阴云覆盖，空气潮湿。特别是在没有空调等电器的过去，为了祛除湿气对人体造成的不适，食用辣椒，刺激人体的汗液排泄，不失为人体降温、得到凉爽感觉的一个好方法。日积月累，世代相传，吃辣就成了当地人的生活习惯。

345. 大气中的水分大约多长时间循环一次？

大气中的水分处于不断的循环之中。从海洋中蒸发的水汽，经过水平输送和垂直运动，水汽在高空冷却凝结，再变成水分降落到地球表面上。这样的循环一年大约有多少次呢？

做这样的估计，可以从凝结降水的角度进行。因为没有凝结，水分循环就无法进行。整个大气中所含的水汽，如果全部降落到地面上，相当于24毫米深的水层。全球平均年降水量相当于780毫米厚的水层。因此，大气中的水分平均每年循环的次数应当是780除以24，即大约每11天就要更替一次。

346. 为什么赤道高温洋面上空降水量大？

降水量的多寡，居住在不同地区的人会有不同的感受。一般来说，我国南方地区要比北方地区多，东部沿海地区要比西部内陆地区多。从全球角度来进行比较，降水量最大的地区大多位于热带太平洋上。举几个地区的降水量作为例子：青岛平均年降水量为800多毫米，广州平均年降水量为 1500 多毫米,而有些太平洋高温海区的年降水量在 10000 毫米以上,竟超过 10 米深的水!

为什么降水量会那么大呢?主要的原因是高温洋面上空的大气系统是赤道辐合带,来自南北两个半球的气流在此汇合上升,形成上升气流;同时,高温洋面上的大气中含有大量的水汽,这些水汽被输送到空中后凝结成雨滴降落下来,于是造成了特别大的降水。

347. 热带东太平洋海面为什么比西太平洋海面低?

尽管海面上波涛起伏,但地理学中的"海平面"一词,大家还是认可的。海面是"平"的吗?可能有的同学说,海面不是平的,因为海平面实际上是地球表面,而地球表面是一个球面,因此,海面是弯曲的。那么,在相同的纬度上,不同地区从海面到地球中心的距离是不是相同呢?

同样是在赤道上,热带东太平洋的海面高度要比西太平洋的海面高度低,即东太平洋海面到地心的距离要比西太平洋小一些,你相信吗?

原来,赤道地区向西吹刮的信风在海洋中产生的海流将原来在东太平洋的海水运送到西太平洋,使得西太平洋的海水产生堆积,这样西太平洋的海面当然就高了。

那么,西太平洋的海面比东太平洋高多少呢?一般年份要高出 40 厘米左右。

348. 厄尔尼诺是一种什么现象?

"厄尔尼诺"的西班牙文原意是"圣婴"。厄尔尼诺的称呼最早是被海员们用于南美太平洋中从北向南的一支暖海流。它通常在圣诞节之后出现,当它出现时,使原来的低温海水的温度上升。每隔几年,这种海流的强度要比正常的年份强,它可以向南伸展到非常远的海区。后来人们发现,这种异常暖的海水并不仅仅局限于南美洲沿岸,而是沿赤道向西伸展(约北纬4度至南纬4度,西经150度至90度之间)幅度达数千千米之多,而这种现象还伴随着全球性的气候异常。因此,今天的厄尔尼诺就是指持续半年以上的赤道东太平洋大范围海水异常增温现象。

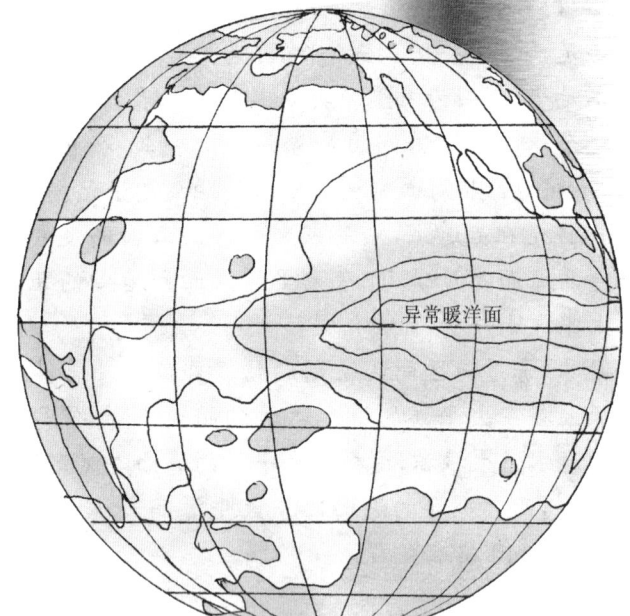

厄尔尼诺时期异常海表面温度分布

海洋气象

349. 厄尔尼诺会影响海平面变化吗？

厄尔尼诺主要是指在赤道东太平洋大范围内上层海水的异常增暖现象。它的出现为什么还与海平面有关呢？

原来，太平洋洋面并不是完全水平的。在南半球的太平洋上，由于强劲的东南信风向西北横扫，将海水由东南向西推动，结果使位于澳大利亚附近的洋面比南美地区的洋面高出约50厘米。与此同时，南美沿岸大洋下部的冷水不停地上翻，使赤道东太平洋上层海水的温度比西太平洋低很多。厄尔尼诺现象发生时，这种正常的环流便被打破。一向强劲的东南信风渐渐变弱甚至可能倒转为西风。而东太平洋沿岸的冷水上翻也会势头减弱或完全消失。于是，东太平洋上层的海水温度便迅速上升，并且向东回流。这股上升的厄尔尼诺洋流导致东太平洋海面比正常海平面升高二三十厘米，温度则升高2℃～5℃。

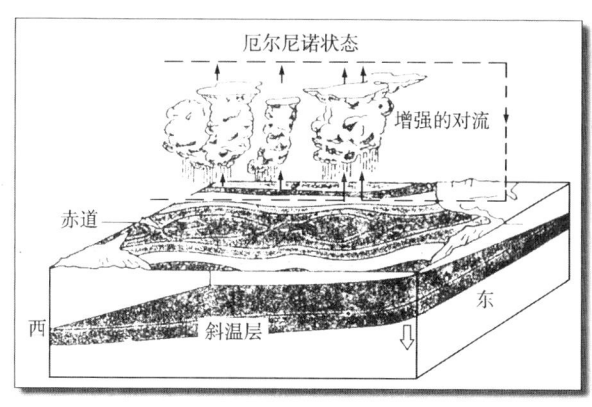

厄尔尼诺现象

350. 厄尔尼诺为什么会影响到生态系统？

最早重视厄尔尼诺现象的政府部门是南美洲国家的水产部门。这是为什么呢？因为南美沿岸的冷水上翻区富含营养物质，是世界有名的渔场。当厄尔尼诺现象发生时，随着南美沿岸大洋下部的冷水停止上翻或上翻减弱，由下层海水带给鱼类等海洋生物的养料大大减少，不利于这些海洋生物的生存。所以，在厄尔尼诺年秘鲁全国水产部门的鳀鱼捕获量只相当于正常年份的30%，甚至更少。由于鱼类的急剧减少使依赖鱼类生存的其他海洋生物如海鸟和鳄鱼也会大量死亡。

351. 厄尔尼诺对当地气候有什么影响？

厄尔尼诺对气候的影响

厄尔尼诺虽然是发生在海洋中的现象，但它对当地的气候有着巨大的影响。在正常年份，由于赤道东太平洋上层的水温低，大气盛行下沉气流，因此使南美洲沿岸地区成为荒芜的沙漠。厄尔尼诺年海洋发生了奇妙的变化，陆地上的变化更为神奇。大气中的下沉气流变成了上升气流，暖海水提供着大量的水汽，土壤被倾盆大雨浸泡着，沙漠也变成了绿洲，有的地区在几周内可能就覆盖上丰盛的牧草，羊群可成倍地增长，棉花也可生长在其他年份不长植物的地方。

352. 厄尔尼诺对世界其他国家的气候有影响吗？

厄尔尼诺虽然发生在赤道东太平洋，但它对气候的影响是全球性的。在厄尔尼诺发生的年份，由于海洋对大气加热地理位置的变化，引起全球性的气候反常。如厄尔尼诺曾使南部非洲、印度尼西亚和澳大利亚遭受过空前未有的旱灾，同时带给秘鲁、厄瓜多尔和美国加州的则是暴雨、洪水和泥石流。有一次厄尔尼诺效应曾造成了1500余人丧生和80亿美元的物质损失。

厄尔尼诺对我国气候变化的影响也非常大，常常造成我国许多地区的洪涝和干旱，如1998年的长江洪水；厄尔尼诺对气温也会产生影响，造成东北地区夏季温度偏低，影响了农作物的产量。

353. 厄尔尼诺现象形成之谜是否已经解开？

关于厄尔尼诺现象的成因，迄今科学家尚未找到确定无疑的答案。有的认为，可能是太平洋底火山爆发或地壳断裂喷涌出来的熔岩的加热作用造成洋流变暖，进而导致信风转弱和逆转。另有人推测，或许是因为地球自转的年际速度不均造成的。他们说，每当地球自转的速度由加速变为减速之后，便会发生厄尔尼诺现象。有相当多的科学家认为，厄尔尼诺现象的发生是海洋与大气之间相互作用的结果。当把海洋和大气看成一个统一的系统时,海洋和大气的相互作用在海洋和大气中产生几年一次的振荡,可以解释厄尔尼诺3—7年的周期性变化。进入20世纪90年代以来,厄尔尼诺现象的出现越来越频繁。1997年发生的厄尔尼诺是20世纪最强的一次。

354. 厄尔尼诺可预报吗?

尽管对厄尔尼诺的成因尚未查清,但科学家们在研究它形成原因的同时,已经利用海洋与大气相互作用模式对它进行了预报。美国的《气候公报》每一期都同时刊登几个研究工作小组对赤道海温异常的预报。1986年,美国的凯恩和哉毕阿克曾成功地用一个热带太平洋海气相互作用模式提前一年预报出了厄尔尼诺现象将要来临,这一结果无疑给厄尔尼诺的研究者们以极大的鼓舞。但是,对1997年的厄尔尼诺却没有人事先预报出来。可以预言,随着科学研究的进展,人类终将能解开这一大自然之谜,并找出办法,避免它的危害。

355. 厄尔尼诺怎样"遥控"全球气候的变化?

与厄尔尼诺现象有关的海洋温度异常发生在赤道东太平洋上,但为什么会对全球气候产生那么大的影响呢?原来,在赤道地区,向东运动的大气如果被加热,可以激发产生向高纬度传播称为罗斯贝波的波动(专业术语叫作遥相关波型)。受这种波动影响的地区,就会出现气候的异常变化。由于厄尔尼诺发生时,赤道西太平洋和中太平洋上空存在大范围的西风,非常有利于遥相关波型的激发。因此,远在万里以外的赤道太平洋,就可以对亚洲、美洲等地区的气候变化进行"遥控"了。

356. 厄尔尼诺为什么对市场有很大的影响？

干旱情景

厄尔尼诺通过海洋与大气相互作用影响了全球的气候，但如果说它的出现对市场有影响就更令人难以接受了。你相信吗？1997年至1998年，世界石油的价格一路走低，其中的原因就与厄尔尼诺有很大的关系。这是因为，通常石油供应商在欧洲和美洲的冬季到来之前都准备了充足的石油货源，在冬季取暖季节再到市场上卖出去大赚一笔。由于厄尔尼诺事件的影响，欧洲和美洲的气候变化出现了异常，加拿大、美国等国家都经历了前所未有的暖冬，石油需求量因而大减。市场供求关系的失衡导致前所未有的石油低价格。同样的道理，鳀鱼和鸟粪工业因渔获量的减少和鸟类的死亡导致了世界市场上产品价格的上扬，而受厄尔尼诺影响，夏季温度偏低地区的空调销售量也会受到同样的影响。

357. 厄尔尼诺怎样影响台风？

台风是热带海洋上产生的强风暴。由于它"脾气"暴躁，万吨巨轮也不敢与台风"照面"，甚至逃跑还来不及呢。但是，台风受厄尔尼诺事件的影响却很大，这就有点像"孙悟空跳不出如来佛的手掌心"一样。在厄尔尼诺发生的年份，西北太平洋上的台风数量明显减少，特别是登陆的台风更少。是什么原因呢？因为厄尔尼诺使赤道太平洋大量的高温海水东移，大气中的上升气流区域也随之东移，没有这些条件的配合，西北太平洋上台风的"威风"当然就有所收敛了。

358. 厄尔尼诺为什么喜欢与科学家"开玩笑"？

在厄尔尼诺的研究过程中，不知是巧合还是其他原因，出现了许多戏剧性的复杂变化。1982年，美国的科学家拉斯牟森和卡喷特总结了以前发生的厄尔尼诺，发现海水温度异常最早出现在赤道东太平洋的秘鲁沿岸，然后向西扩展，即异常现象向西传播。一时间，大家以为这就是厄尔尼诺的变化特点并提出了许多理论进行解释。但实际上1982年至1983年间的强厄尔尼诺却出人意料地明确显示海温异常和大气中的西风异常都是从西向东传播，于是科学家们又赶快提出新的理论进行解释。在1986年至1987年间的厄尔尼诺被成功地预报出来以后，科学家们大受鼓舞。但用同样的方法对1997年厄尔尼诺进行预报，结果却连厄尔尼诺的影子也没有见到。另外，1992年至1994年的3年里，年年都出现厄尔尼诺，以前的理论也不能圆满地提供解释。看来，厄尔尼诺现象之所以能持续多年吸引科学家的研究热情，其魅力也许就在于它的"顽皮"吧。

海洋气象

359. 厄尔尼诺的"配偶"是谁？

厄尔尼诺还有一个异性伙伴，名字叫作拉尼娜。拉尼娜现象指的是厄尔尼诺现象的反相。即赤道东太平洋海温较常年偏低。这里本来就是海洋寒流的活动区，它与正常年份相比，只是海水温度偏低程度的差别，而不是冷暖性质的对立。

一般来说，拉尼娜的影响和破坏力没有厄尔尼诺严重，对它的研究也不及厄尔尼诺多。拉尼娜常发生于厄尔尼诺之后，但也不是每次都这样。我国科学家认为，如果赤道中、东太平洋海域的表层海水温度连续6个月比平时低0.5℃，就是一次拉尼娜现象。1997年至1998年的厄尔尼诺现象结束后，很快拉尼娜现象就光临世界，一直持续到2001年春季仍未结束。

360. 中国北方为什么频频发生沙尘暴？

2000年和2001年的春天，中国北方地区频频领略沙尘风暴的威力。北京、山西、宁夏等地以及东部沿海的许多省份，由于沙尘漫天，白昼都出现了黄昏般的天气。为什么这种天气会频繁出现呢？原来，2000年正处于拉尼娜现象的高峰期，这一大范围的海洋大气过程的变化速度和强度超过以往，造成中国北方自冬至春强寒潮大风频繁出现，加上春天华北地区和西北地区东部气温显著增高(为近40年以来所少见)，同时降水稀少，植被未能形成，致使解冻后大面积表层土壤干燥、疏松，因此引起多次强沙尘天气。

沙尘暴

另外,在全球气候变化的影响下,中国北方地区干旱和暖冬现象日益加剧,加之不合理的人为活动的干扰,造成了大面积植被被破坏,土地不断沙化,为频繁发生的沙尘天气提供了物质来源。

361. 海温的变化为什么可以影响鸣鸟的生存?

厄尔尼诺现象可以影响到以海洋生物为食的海鸟的生存是容易理解的,因为厄尔尼诺的发生直接导致了鳀鱼数量的减少。但是,它为什么还会影响到以陆地昆虫为食的鸣鸟生存呢?

美国两所大学的科学家经过13年的研究发现,由于全球性气候变暖,导致了北美森林中鸣鸟数量的急剧减少。尤其是在厄尔尼诺的高峰年,气候的异常变化使美国新罕布什尔州和牙买加的昆虫和毛虫的数量都大大减少,而上述两地正是黑喉蓝鸣鸟的主要繁殖地和"冬季之家",食物的缺乏使鸣鸟的出生率和成活率都非常低。

由此可见,海洋对气候变化的影响,不但可以影响到沿海地区生态的变化,还可以对远离海洋的生态系统产生深远的影响。

362. "南方涛动"是海洋中的波浪现象吗?

大家都知道,南方是相对于北方来定义的。"涛"字的定义在字典中是大波浪的意思。那么,"南方涛动"就是南方的大波浪吗?不是。南方涛动是发生在大气中的现象,尽管它发生的原因与海洋的关系密不可分。

在太平洋的赤道区域有两大气团:一个是中心位于南太平洋复活节岛附近的高气压;另一个是位于澳大利亚-印度尼西亚附近的低气压。低压中心附近对应上升气流,高压中心附近则为下沉气流。上升气流在高空流到高压上空补充,下沉气流在大气底层流向低压中心,这样构成了完整的"沃克环流"(见第371条)。"南方涛动"的一个明显特征是,当复活节岛附近的气压升高时,印度尼西亚附近的气压就会降低。即高气压和低气压同时增强或减弱,两地的气压如同跷跷板一样上下振动。

因此,"南方涛动"是指发生在海面以上大气气压的振动或变化起伏,而不是海洋中的波涛。

363. "南方涛动"最先是由谁提出的?

1897年,黑尔得布兰德松首先注意到澳大利亚悉尼的大气压强起伏与南美洲阿根廷布宜诺斯艾利斯的大气压强变化是相反的。1902年,劳克叶父子两人又确认了这一现象,并估计大概有3.8年的变化周期。1923年,吉尔伯特·沃克爵士首次明确将这样一种横越太平洋的、海平面气压变化的跷跷板现象称为"南方涛动"。其中,"涛动"指的是跨越数千千米距离气压的起伏,称其为"南方涛动"是因为沃克还同时提出了一个表示海平面气压起伏现象的"北方涛动"。

364. 大气中的运动尺度是如何划分的?

大气中存在着各种各样运动尺度的天气系统。例如,温带锋面气旋、台风等系统的直径大概有几千千米,而南亚高压东西方向的距离却有30000千米~40000千米。龙卷风的直径一般为几米到几十米、高度有十几千米,秋天田野里的旋风直径只有几米、高度只限制在地面附近。为了容易理解大气中的运动规律,有必要确定不同的运动尺度,也有利于对不同的系统分别进行分析研究。

那么,大气中的运动尺度是怎样划分的呢?水平尺度在几千千米以上、时间持续超过1周以上的系统称为行星尺度系统,如副高;水平尺度在几百千米到一二千千米;时间在三四天到1周左右的天气系统称为天气尺度系统,如台风;水平尺度在几千米到一二百千米,时间在几小时到1天左右的天气系统称为中尺度系统,如中尺度对流群;水平尺度在10千米以下,时间为1小时左右的天气系统就称为小尺度或微尺度系统了,如雷暴、龙卷风等。

海洋气象

365. 赤道海洋和大气中的行星尺度波动是谁最先研究的？

赤道海洋和大气中的行星尺度波动是理解近代气候学变化不可缺少的动力学基础，其中最基本的波动是开尔文波和罗斯比波。这两种波动是谁最早进行研究的呢？1966年，日本气象学家松野太郎的博士学位论文发表了，文中分析讨论了赤道附近海区的基本波动，发现了振幅限制在赤道附近的这类行星波动的性质。从那时起，对热带大气和热带海洋的动力学研究进入了一个飞速发展的时期。松野的文章与同一年发表的美国布叶克尼斯的海气相互作用的著名文章一起，构成了现代气候动力学研究中的一个重要领域。厄尔尼诺动力学的研究就是这个领域中的一个重要方面。

366. 海气相互作用的概念最先是由谁提出的？

在赤道海区，向西吹刮的赤道信风作用在海面上，使海洋中产生向西流动的南赤道流和北赤道流。海流将温暖的表层海水输送到赤道大洋的西部，使得大洋西部海水的温度比东部要高出很多（热带太平洋东、西部海表面温度的差异在10℃左右）。海水温度的差异又影响到大气，产生"沃克环流"。当这种海洋和大气相互影响的环节中出现异常时，就会影响到全球气候的变化。沃克爵士提出"南方涛动"虽然包含海洋对大气的影响，但没有将大气对海洋的影响考虑进去。20世纪60年代，美国洛杉矶加利福尼亚大学的布叶克尼斯教授提出了"南方涛动"是由热带太平洋的海温变化引起的;而从海洋学的观点,海温变化(厄尔尼诺)又是由与"南方涛动"相联系的海面风振荡所引起的。布叶克尼斯教授把"南方涛动"、"厄尔尼诺"以及"沃克环流"联系到一起,组成了一个大尺度海气相互作用的框架,开辟了一个崭新的研究领域。从20世纪60年代一直到现在,这个研究领域一直是气候研究工作中的热门课题,布叶克尼斯的综合性研究成果也是20世纪气候研究中最有影响力的研究成果之一。

367. "世界雨极"每年的降水量有多少?

你们知道"世界雨极"在哪里吗?它就在印度东北部

的乞拉朋齐镇,这是世界上降水最多的地方。这里的年平均降水量为11430毫米,是世界之最。1861年,这里出现了年降水22990.1毫米的世界最多记录。1960年8月1日到1961年7月31日的一年中,降水量又刷新了记录,达到26461.2毫米!如果这里是一片孤立的平原盆地,降下的雨水既不流失也没有蒸发,平均每年平地的积水深度将漫过四层楼房!最高的降水记录可漫过9层~10层楼房!

368. "雨极"为什么出现在印度的陆地上?

地球上某个地区降水量的多少主要取决于两个条件:充足的水汽供应和使水汽凝结成水分的上升运动。大洋上空的大气中虽然水汽含量多,但如果缺少使水汽凝结的上升运动,水汽含量再大也不会有很多降水。"雨极"位于印度的东北部,它的北面有高大的喜马拉雅山作为屏障。夏季风盛行的时候,全球最强的西南季风从印度洋吹向印度陆地,潮湿空气由于受到全球最高大高原——青藏高原南坡地形的抬升,所含的水汽几乎全部凝结降落到地面上,雨季时终日乌云密布,雨水连绵,有时甚至连续半个月日夜大雨滂沱。

因此,最充足的水汽供应和最大高原迎风坡地形抬升可能是"雨极"出现在印度而不是其他地区的主要原因。

海洋气象

俯观海气轮回

369. 什么叫大气环流？

"环流"的意思就字面来看，应当是如环无端地流动。那么，大气环流是否也具有循环往复流动的特征呢？当我们无论从北极还是从南极的空中往赤道的方向看过去，地球大气确实是在环绕极地无始无终地运动着。但是，在大气科学中大气环流的概念还要丰富得多。一般来说，大气环流是指全球范围的，大尺度大气运动的基本状况。所谓的"大尺度"，它的范围到底有多大呢？科学家们把它设定为：在水平方向上几千千米以上，在垂直方向上要有10千米以上，时间在1天~2天以上。如在大气对流层南北方向的垂直剖面上，同时存在着三圈大尺度环流，气象学家们分别给它们定名为哈德莱环流、费雷尔环流和极地环流。

370. 是谁直接驱动大气运动的？

"空气的流动就形成了风"，是许多书中对"风"这一自然现象的解释。那么，是什么原因造成了空气流动呢？

我们知道，地球是一个近似球形的行星，不同地理纬度的地区接收到的太阳辐射会有比较大的差别。在大部分面积是海洋的赤道地区，由于地球表面接收到的太阳能量多，那个地区上空的大气被海洋表面加热后，就会携带大量的水汽上升到高空并引起海平面气压的下降；上升区域以外其他气压相对较高地区的空气在压力差的作用下流到上升区进行补充，于是产生了沿地球表面流动的风。

因此，地球表面空气流动的一个重要原因是大气温度分布的不均匀。从能量学的角度来看,赤道地区上升气流中携带了大量的能量,这些能量的一部分可以转变成大气的动能,即风的运动。在这个意义上,可以说是海洋直接驱动了大气的运动。

371. 沃克环流是哪个方向的环流?

在大气的顶部,到达地球的太阳辐射量在相同的纬度上是相同的。但是,由于其他因素的影响,纬度相同、不同地点地球表面上的温度却有很大的差别。同学们熟悉烧水时容器内热水上升和下降的情景吗?受到来自下方的加热,直接受热部分的水就会上升,相对受热量小的地方水就会下降。同学们试想一想那一大片高温海面加热大气的情景吧,大气受到赤道西太平洋和东印度洋海表面的加热后,它自然会受热上升,而周围地区的空气会流过来补充,上升的空气在高空有些会流到表面温度相对较低的赤道东太平洋或赤道西印度洋,然后在那里又下沉下来,这样就构成了东西方向的环流圈。人们为了纪念最先提出"南方涛动"概念的沃克爵士,就将这种由于东西方向温度差异而产生的环流圈叫作沃克环流了。

372. 哈德莱环流是什么环流?

居住在北半球温带地区的人都知道这样一个事实,南方要比北方暖和。即从地球赤道向北极方向,温度越来越低。1735年,英国人哈德莱根据这样一个事实提出:大气在赤道地区被加热,产生上升运动,上升到高空后便会向两极流去,在极地受冷又下沉到地面;同时,在大气的底层,来自两极方向的冷气流又流向赤道补充那里因上升而减少了的空气。这样就产生了南北方向的一个直接热力环流圈。后来的观测发现这样一个热力环流圈在赤道和副热带之间确实存在。为了纪念最早提出直接热力环流圈设想的哈德莱,人们又把大气中热带和副热带之间南北方向的直接热力环流圈称为哈德莱环流。

373. 费雷尔环流是怎么流的?

哈德莱环流中的下沉运动出现在副热带地区的原因是因为地球自身的旋转。由于地球的旋转,使得高空向两极方向流动的气流不断发生向东的偏转,到达副热带地区时就已经完全变成向东的流动了,因此不能到达两极地区。但是,两极相对极地以外的地区又是冷却中心,空气在两极地区受到冷却下沉,高空有来自两极外地区流向极地补充因下沉而减少了的空气,所以在南北方向上同样存在着类似于哈德莱环流性质的直接热力环流圈。由于哈德莱环流和极地环流都是正向环流,两个环流之间的地区需要一个与两个环流方向相反的环流圈进行补充。这样一个补充环流是由美国人费雷尔在1856年提出来的,因此叫作费雷尔环流。它的方向是高空向南流动,低空向北流动。

374. 赤道地区的气流都是上升的吗?

同学们都知道,地球的形状是一个赤道地区略粗的椭球体,地球每年绕着太阳公转一圈。地球上的赤道地区接收到的太阳辐射最多,因此,赤道附近热带海面上的空气受到地表面的加热就会上升。海面附近的空气上升后,赤道以外地球表面附近的空气到赤道地区补充。那是不是沿着赤道到处都是这种情况呢?

在亚洲大陆的南侧耸立着全球最大的高原——青藏高原。青藏高原南侧和东侧的广大地区是世界上最著名的季风区。夏季的青藏高原表面在海拔4400米以上的高处对大气加热,使高原上空的气流上升。这些上升的气流的一部分向赤道地区流去,在赤道附近的南半球下沉,形成了一种在赤道附近下沉,而副热带上升的反哈德莱环流。

375. 为什么青藏高原与我国西北地区的大面积沙漠有关?

横空出世的青藏高原巍然屹立在印度洋的北侧,世界降水量最多的"雨极"就出现在它的南坡上。但在它的北侧,却出现了许多大面积的沙漠。在高原南北地区出现截然相反的两种极端气候情况,与青藏高原的存在是否有关系呢?

这种截然相反气候的出现正是青藏高原影响的结果。由于高原的存在,来自印度洋的水汽被青藏高原阻挡在高原以南,几乎全部凝结成水而降落。翻越过高原的空气中含水量非常少,当气流再从高处下沉到高原北侧时,空气中几乎不含任何水分。所以,在我国新疆许多地方的气象观测中常常出现湿度为零的记录。由于高原对印度洋水汽的阻挡,我国新疆地区降水的主要水汽来源只好依靠遥远的大西洋或北冰洋。因降水稀少,这些地区出现大片的沙漠就丝毫也不奇怪了。

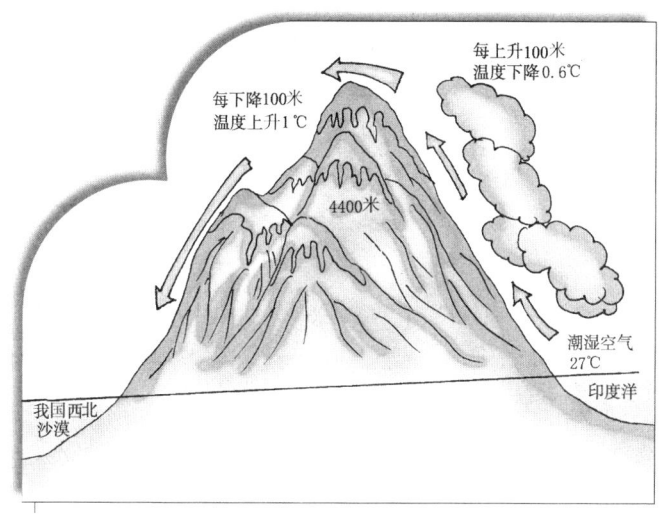

青藏高原对西北气候的影响

376. 如果没有青藏高原，我国江南将会是什么景象？

自古以来，中国的江南地区作为鱼米之乡，以它的美丽和富饶闻名于世。然而，与江南位于同一纬度带上的非洲地区却出现了地球上最大的沙漠——撒哈拉大沙漠。这种差别是怎么形成的呢？

科学家们通过对气候模型的计算表明，如果没有青藏高原，则不会出现在青藏高原上升、在赤道地区下沉的反哈德莱环流。我国江南的大部分地区位于副热带，是哈德莱环流下沉气流控制的区域，降水量将会很小，也有可能出现沙漠化。因此，正是有了青藏高原，才会有我国美丽富饶的江南。

377. 为什么郑和7次下西洋有6次在冬季起航?

我国明朝的郑和曾率领庞大的船队,扬帆远航,7次下西洋(现在的南海和印度洋地区)。其中有6次是在冬季起航,夏季返航。为什么大部分时间都选择在冬季起航呢?

从时间的选择上可以看出,当时我国的航海技术是相当注意气候变化规律的。原来,我国大部分地区受季风的影响。郑和下西洋的船队都是帆船。冬季起航,夏季返航,去时船队受东北季风的推动,归来受西南季风的引领,往返皆得到"乘风破浪"的天助,自然是最好的选择了。

郑和下西洋

378. 什么是季风？

季风本来是一个具有上百年历史的气候学概念,它是指接近于地面的大气在冬季夏季盛行,但风向几乎是相反,而且气候特征又明显不同的现象。那么,季风区在哪里？事实上,亚洲、非洲、大洋洲的热带和副热带地区是连成一片的世界上最大的季风区。东亚、南亚、东非和西非属于明显的季风区。

自20世纪80年代开始,科学家们对季风的研究已经超出了传统的概念,也就是说,现代季风的研究不但包括季风的平均状态、季节变化、年际变化、基本成因以及季风气候区划等问题,还进一步研究季风的环流系统、爆发与撤退过程、中短期变化以及季风和整个大气环流的相互联系和相互作用等问题。

379. 季风的形成为什么与海陆分布有关？

季风是地球表面附近的大气现象,影响季风形成的原因主要是大气下方地球表面附近的热力因素。由于陆地土壤的热容量小,而海水的热容量大又能上下交换,因此,在冬季太阳辐射减少时,陆地温度降低快于海洋,大陆地表温度低于海洋;在夏季陆地升温又快于海洋,大陆地表的温度也高于海洋。由于大气中的热量主要来自地球表面,因而相对而言,冬季大陆是大气的冷源,海洋是大气的热源,而夏季则相反。对大气气压场来说,冬季受大陆冷却的影响,地球表面附近大陆上为冷高压;夏季受大陆加热的影响,陆地表面附近为热低压。围绕高压和低压风场的旋转方向相反,形成了冬夏相反的季风气流。

海陆分布与季风

380. 季风的形成为什么与太阳辐射的季节变动有关？

地球的球形和太阳辐射直射纬度的变化，造成地球表面接收太阳辐射量具有明显季节性变化。在每年夏至这一天，太阳辐射直射纬度达到最北的位置——北回归线，而在冬至这一天，太阳辐射直射纬度达到最南的位置——南回归线。假设地球表面的热力性质是均匀的，则当太阳直射纬度在北半球时，对大气加热最强的地区位于北半球，上升运动最强的区域也位于北半球，在地球表面上就会出现南半球的气流将流向北半球补充；而当太阳直射纬度位于南半球时，地球表面北半球的气流将流向南半球补充。由此就导致了冬夏两季相反的季风气流。

381. 东亚季风的形成为什么还与青藏高原有关？

除了海陆分布和太阳辐射直射纬度的季节性变动以

外,东亚季风的形成还与青藏高原具有密切的关系。青藏高原要比周围的陆地高出几千米,所以,青藏高原对大气加热或冷却的高度要比高原周围大气距离地球表面都高。因此,夏季青藏高原表面附近的大气温度要比高原周围相同高度大气温度高,冬季高原表面附近大气温度也就比高原周围温度低了。这种温度分布随季节的变化也影响到高原附近的气压场,从而形成高原附近冬夏季相反的季风气流。

382. 南北两个半球的空气是怎样互相交换的?

由于太阳辐射直射纬度随季节的变化,冬夏两季地球表面接收得到太阳辐射最多的区域也分别位于南半球和北半球。因此,随着季节的转换,两个半球之间的大气必然存在着交换。但是,由于地球表面陆地面积在两个半球不一样,北半球陆地面积要远远大于南半球陆地的面积,陆地上的山脉起伏也是影响大气运动的重要因素,因此,两个半球大气的交换不是沿赤道大面积进行,而是要通过某些通道进行的。人们把这些通过通道跨越赤道的气流称为越赤道气流。夏季地球表面附近从南半球流向北半球最强的越赤道气流位于非洲东部沿岸附近,而冬季地球表面附近最强的北半球流向南半球越赤道气流位于马来西亚半岛附近。

383. 什么是季风系统?

季风系统是指与形成季风环流有关的天气系统。以夏季印度季风系统为例,北半球夏季印度地区为大气的加热中心,因此地面上对应的气压系统是印度低压,低压中心附近是上升气流；来自南半球的气流主要是中心位于南印度洋马斯克林群岛附近的冷高压中心附近从高空下沉的辐散气流、非洲东岸的低空索马里急流；高空的青藏高压、高原南侧高空东风急流以及高空向南半球的越赤道气流等系统，都是印度季风系统的成员。

384. 夏季全球最强的低空越赤道气流为什么位于非洲东岸？

每年夏季，非洲东部沿海低空出现一支极为壮观的被称为索马里急流的气流。这支气流一般位于1千米～2千米的高处，长超过800多千米，宽约270千米，厚仅0.9千米。7月份的平均最大风速在每秒15米以上，日平均最大风速可达每秒25米～50米。1972年10月3日的气象观测记录上曾出现每秒63米的极大风速。

索马里越赤道气流为什么这么强劲呢？原来，非洲东部沿海海拔1000米左右的山脉约束了来自马斯克林冷高压的东南气流，使风速加强；同时，索马里附近因近岸海水上翻使深层海水抬升到海面上，海水表面温度下降到20℃以下，而非洲大陆西北部的气温高达34℃，这一持久的温差使大气气压场在该地区出现大的气压梯度力，维持和加强了索马里急流。

因此，地形的作用和海气相互作用两种因素是索马里越赤道急流出现的最主要原因。

385. 印度的"雨极"与索马里低空越赤道急流有什么关系?

同学们已经知道,一个地区的降水至少需要两个最基本的条件:水汽供应和抬升运动。水汽量供应越多,上升运动越大,降水量就越大。位于喜马拉雅山南麓的印度,夏季存在全球最强的低空急流提供水汽供应,青藏高原大地形对来自印度洋气流的抬升可以产生很强的上升运动,因此,最强的低空急流和最大高原的地形抬升两个世界之最,造就了世界最强的降水。研究表明,索马里低空急流的强弱与印度西部降水量的大小关系非常密切。夏季风爆发后,南半球向北半球的水汽输送增加了6倍,而进入阿拉伯海西部大气层的所有水汽,有三分之二是从南半球输送来的。

386. 为什么冬季最强的低空越赤道气流在亚洲?

夏季最强的南半球越赤道气流位于非洲的东岸,但冬季最强的北半球向南越赤道气流却位于亚洲。为什么冬夏两季最强越赤道气流的位置不同呢？

北半球的冬季，即南半球的夏季。由于海陆分布的原因，南半球澳大利亚陆地表面存在着中心气流上升的热低压。从北半球亚洲大陆冷高压中心辐散出来的冷空气就可以越过赤道进入南半球。冷空气与暖空气相比密度大，因此大量的冷空气是沿地球表面向南运动的。当冷空气运动到青藏高原北侧时，受高原的阻挡，冷空气不能越过山脉到达印度洋，大量的冷空气转而向东南方向运动。在青藏高原的东北侧，冷空气不再受青藏高原的阻碍，便会势如破竹地沿我国东部南下到达南海海面上，在马来西亚附近产生较强的越赤道气流进入南半球。

因此，青藏高原对冷空气的阻挡作用导致了最强的北半球向南越赤道气流出现在亚洲的南海南端。

387. 如果没有陆地，地球上的气候会有哪些显著改变？

大家已经知道地球上海洋的面积占地球表面积的70％以上，占地球面积不足30％的陆地就像许多海洋中的"岛屿"一样。但是，陆地对气候的影响可是巨大的。由于海洋和陆地的热力性质不同，没有陆地就没有季风。没有陆地，在相同纬度上的气候变化就是类似的，因而大气中的波动现象将明显减少，大气和海洋的流动将主要是环绕纬圈的流动。如果没有陆地，海洋中缺少了约束海水流动的边界，海洋中从低纬度流向高纬度的边界流将不复存在，由此导致高纬度和低纬度的热量交换将大大减小，热带地区将更热，高纬度地区将更冷。

海洋气象

388. 如果没有青藏高原,地球上的气候有哪些显著改变?

青藏高原就像一根巨大的擎天柱,矗立在我国的西南部。青藏高原对冬季向南冷空气的阻挡使得北印度洋冬季受冷空气的影响很小,而使通过南海海面向南半球的越赤道气流增强。受青藏高原的影响,东侧夏半年气旋生成的频率很高,西南旋涡、江淮气旋、东海气旋等低压的形成都与高原的影响有关。夏季青藏高原海拔4400米以上的表面在半空中加热大气,生成了大气中最强大的系统——南亚高压。在南亚高压的南侧,出现了地球上独一无二的东风急流。高原对印度洋水汽的阻挡,使我国的西北地区出现大面积的沙漠,也使印度出现世界上降水量最多的"雨极"。

一般来说,如果没有青藏高原,印度的降水量就不会有那么多,我国的西北地区也不会那么干旱,南亚高压也不会那么强大,高原南侧的东风急流也不会出现,亚洲季风的强度将大为减弱,冬季最强的向南越赤道气流也许不会位于南海。

389. 最大西风为什么位于日本上空?

在地球表面观测得到的最大风速是在美国华盛顿山上观测的每秒103米。而在高空观测得到的最大风速却超过每秒200米。这么大的风速在地球什么地方的上空呢?那是在日本离地面1万多米高的上空观测到的。为什么在日本的上空会出现这样强劲的风速呢?还是青藏高原大地形的作用。原来,在北半球的冬季,西风带遇到青藏高原被迫分成南北两支,它们绕过高原后,在日本的上空"会师",重新变成一支。在适当的条件下,会师后的风速会大大增加,在日本上空就形成了风速的最高记录。

因此,青藏高原除了对气候有巨大影响以外,还是最大风速记录的"缔造者"。

390. 地球上的东风急流为什么出现在亚洲?

在全球大气中,夏季存在着一支独一无二的东风急流。这支东风急流在阿拉伯海附近1万米以上的高空中,平均速度大约每秒35米。为什么东风急流出现在亚洲上空呢?这是由于世界最大的高原——青藏高原位于亚洲的缘故。夏季青藏高原是加热大气的一个热源,由于高原的加热,气流在青藏高原底层上升,使得北印度洋和青藏高原附近大气温度差别很大。气流在10千米以上的高空辐散流出,受印度洋和青藏高原热力差异的影响,东风气流在高原南侧增大,形成了东风急流。

因此,地球上独一无二的东风急流出现的主要原因是,海洋与地球上最大高原在夏季存在很大的热力差异。

391. 南亚高压为什么是地球上最强大的天气系统?

我们知道,青藏高原对大气环流系统具有巨大的影响,夏季全球最强大的系统——南亚高压就位于高原的上空。

南亚高压在夏季对我国大范围的旱涝分布以及亚洲的天气都有重大影响。在高压的南侧,是地球上独一无二的东风急流;在高压的北侧,是高空的副热带西风急流。高压以青藏高原为中心,范围从非洲一直延伸到西太平洋,在东西方向大约有20000千米,在对流层高层大气中是名副其实的"大哥大",那么,又是什么原因使最强大的天气系统以全球最大的高原作为"基地"呢?

原来,青藏高原夏季对大气中层的加热,使得大气对流层高层的等压面向上凸起,就像火炉上烧开的一锅

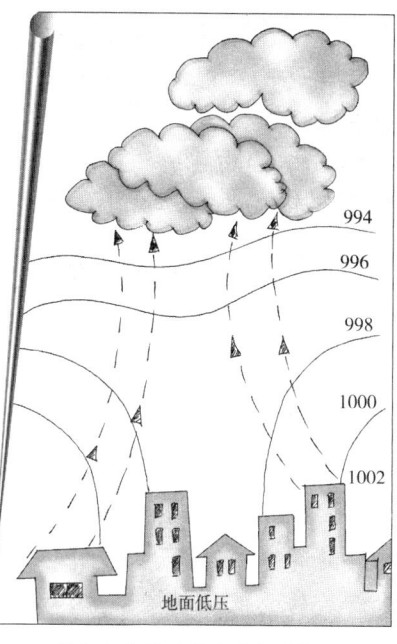

地面加热影响高空天气系统

水,如果在锅的中心加热,则锅中心的水位由于水的沸腾会高于边缘的水位。青藏高原夏季对大气加热的道理与此类似,只是高原的加热面积实在太大,对大气的影响并不仅仅限于高原的范围。因此,南亚高压夏季成为地球上最强大的天气系统还是青藏高原影响的结果。

392. 南海季风和印度季风是一回事吗?

南海季风和印度季风都属于亚洲热带季风。不过,从组成季风系统的成员来说,南海季风和印度季风又有各自的独立性和特点,因此两者不能等同起来。

从对我国的影响大小来说,南海季风对我国的天气

和气候变化更加重要。南海季风的进退直接影响我国东部沿海的降水和旱涝。从夏季风出现的时间来说,南海季风建立的时间早于印度季风。从受冷空气影响大小的角度来比较,由于青藏高原的阻挡,印度季风很少受冷空气的牵连,而南海季风比较容易受冷空气的影响。

393. 极涡对我国的天气是否有影响?

在冬季,影响我国的冷空气许多来自北冰洋及其附近地区。由于冬季北极的极夜期间强烈的辐射冷却,形成了大规模的极端寒冷的空气团。由于气温低,气压随高度的升高而下降很快。密度大的空气从高空下沉到地球表面,北冰洋及其附近地区地面气压系统是与冷空气相伴随的冷高压,而大气中层气压场却是一个绕极地逆时针旋转的低压涡旋系统,称为极涡。

由于极涡的活动与影响对我国的寒冷天气的出现有密切的关系,人们常把极涡作为大规模极寒冷空气的象征。如果极涡的中心偏于亚洲大陆一侧,则常预示着我国将要受到冷空气的侵袭了。

394. 海底淤泥和珊瑚礁中为什么保存着气候变化的信息?

现代气象观测到现在还不足200年。气候变化中包含着几年、几十年甚至几万年的变化,因此,仅靠气象台站的观测资料是无法满足气候研究需要的。好在地球上存在着许多气候变化的"记录器",通过提取这些"记录器"中的信息就可以了解气候的长期变化了。

海底沉积的淤泥和珊瑚礁就是海洋中的两种气候变

化的"记录器"。河口附近海底淤泥的沉积保留了陆地降水量的信息。沉积淤泥厚的年份,河水流量大,即陆上降水量就大。海洋中珊瑚礁的生长由珊瑚虫的数量决定,而气候变化又可以影响珊瑚虫的繁殖量,因此珊瑚礁也能"记录"气候变化的信息。

395. 为什么冬季北极极涡会"偏心"?

根据名字,极涡的中心应当经常位于北极附近。极涡在夏季是名副其实的,涡的中心位置就是北极,但是在冬季,极涡的中心经常不在北极,而是偏向亚洲大陆或美洲大陆。这是什么原因呢?

北极探险帐篷

原来,极涡出现"偏心"的主要原因是海陆分布的结果。同学们已经知道,海水和陆地的热力性质不同,海水容纳热量的能力远远大于陆地;在冰天雪地的北冰洋上,海冰的热力性质和北冰洋附近亚洲和美洲大陆的热力性质相比仍然存在着很大的差异。冬季陆地丧失热量的能力要比海冰大得多。因此,位于亚洲和美洲陆地上的空气,降温幅度大于北冰洋上冰雪表面的空气,因而随着高度增加,陆地上空的气压下降的幅度也比北冰洋上空大,导致了极涡在冬季"偏心"的现象。

396. 为什么冬季西北太平洋上西北风特别多?

在我国的神话传说中,共工因为和颛顼争夺皇位遭到失败,一头撞在擎天柱不周山上,造成了天柱折损,天塌地陷的灾难。为挽救世界,女娲娘娘炼五色石将西北天空的漏洞补牢(剩下的一块没用的补天石曾在《红楼梦》中到人世间走了一遭),补天处石缝中漏下天外寒气,因此,冬天的西北风特别寒冷。

在极涡的介绍中,我们已经知道,尽管气流的下沉是由于陆地表面附近强烈的辐射冷却作用的结果。但冬天寒冷的空气确实来自北冰洋或附近的亚洲和美洲高纬度地区的高空。为什么地面附近寒冷的空气来自西北方向呢?

同学们已经知道,冬季中、高纬度陆地表面的温度低于同纬度海水的温度,较低纬度的气温高于较高纬度的气温,西北太平洋位于西风带控制下。设想一个从地面到高空的气柱沿着东西方向从大西洋移向欧亚大陆,由于冬季陆地的温度低于相同纬度海水的温度,因此如果要保持气柱的温度不变,则气柱必须要移到较低的纬度。假定气柱的温度和密度都没有多大变化,则气压也没有多大变化。在很大范围上,空气的流动基本是沿着等压线流动。因此,移动过程中没有气压变化气柱的移动方向就可以看作是风的方向,即西北风。这就是冬季亚洲大陆中、北部盛行西北气流的原因。但是,为什么气流进入太平洋以后仍然还保持西北风的特点呢?这又与青藏高原的作用有关。

青藏高原的存在使得西北气流的范围向东扩展到太平洋上。受西北气流的影响,日本西北部的沿海地区经常漫天飞雪,气候寒冷。

397. 为什么冬季东北太平洋上多西南风?

冬季从亚洲大陆进入太平洋的空气在向东移动的过程中,受到海洋的加热,等压线的方向逐渐向东北方向变化。风的盛行方向逐渐由西北风转为西风,再转为西南风。因此,冬季东北太平洋上多出现西南风是由于海洋和陆地的热力差异造成的。

398. 为什么越南有明显的雨季和旱季?

20世纪60年代,美国插手越南的事务,派军队在越南与越南北方军队以及南方的游击队进行战斗。当时的美国军队发动的是"旱季攻势",而游击队和越南北方军队则发动"雨季反攻"。为什么交战的双方要选择不同的季节攻击对方呢?这主要是因为美国军队的机械化程度高,雨季道路泥泞,限制了战斗力的发挥,所以美军选择旱季进行攻击,而游击队和越南北方军队则选择不利于美军优势发挥的雨季进行反攻。为什么越南不像我国北方有春夏秋冬四个季节呢?因为越南位于青藏高原东南外侧的热带和副热带地区,是显著的季风气候,气温在夏

热带雨林

季和冬季差别不大,但湿度的季节性变化则比温度变化明显得多。在降水少的冬季称为旱季,降水多的夏季则称为雨季。类似以干、湿程度划分季节的国家不止越南一个,印度、斯里兰卡、缅甸、泰国、老挝、柬埔寨等青藏高原南侧或东南侧的国家,旱季和雨季的差别都非常明显。

399. 海洋气象学有哪些特色?

蔚蓝色海洋上空的大气,既有碧水共长天一色的壮丽景象,也有飓风怒号,巨浪排空,让人魂飞胆丧的恶劣天气。你可知道,作为一个学科,海洋气象学包括哪些内容呢？1959年,世界气象组织给海洋气象学的定义是:海洋气象学是气象学的一个分支,主要研究海洋上的各种大气现象,这些大气现象包括对海洋深处和浅处的影响,以及海洋表面对大气现象的影响。

海洋气象学不同于一般研究陆上大气现象的气象学,是由以下四个方面的原因决定的。首先,地球表面的绝大部分为海洋所覆盖,海水具有和陆地迥然不同的物理、化学性质,对天气系统变化和气候变化影响最大的因素主要是海水和土壤或岩石的热容量具有比较大的差异,因此海洋在海洋气象学的研究中具有重要的地位。其

海洋与风云

次,水的相变是影响天气状况最大的变动因子,热带由水汽凝结对大气的潜热加热是大气运动能量的主要来源,因此,从能量来源的角度,海洋与气象有密不可分的关系。再次,海洋热状况与陆地热状况具有明显区别的是海水具有流动性,洋流对海水表面温度的分布有极大的影响,而海水表面温度的分布通过影响其上空大气热量和水汽,影响到气象和气候的变化;最后,空气与海水的温差,对海面上大气的蒸发、大气的湿度、降水量以及垂直方向的稳定度具有重要的影响。因此,海洋气象学是研究海上大气运动规律的一门学问,既涉及大气又涉及海洋,是大气科学和海洋科学的交叉学科。

400. 志在海洋的青少年应当做哪些准备？

当读完这本书以后，可能有的青少年会提出，如果将来上大学学习海洋气象，应当做哪些心理准备呢？让我来告诉你：第一，你是否确实对海洋气象这个科学领域有兴趣？因为兴趣是最好的老师。第二，你是否对学习数学、物理、外语、化学不感到困难？作为开展研究工作的基础，数学、物理、外语、化学是最有用的工具，因为，大气科学或海洋科学的研究与国际性的合作联系密切，无论是空气和海水都是不受国界限制的，外语在国际合作和国际交流中起着重要的作用；大气或海洋都是异常复杂的系统，物理概念明确，才容易从繁杂的现象中提取出规律性的东西；定量的预报需要进行大量的计算，尽管气象部门已配备了容量最大的计算机，但计算和分析仍旧需要有坚实的数学基础。而在大气环境或海洋环境领域中，化学又是重要的基础。第三，你是否在学习上具有不怕苦、不怕难的品质？它是保证将来你在海洋气象或其他学科研究领域内有所作为的重要因素。如果你具有上述条件，上大学时，就学习海洋气象吧。相信经过努力，你会在这个领域内取得大的成就。

编 后 记

世界的未来是青少年的,而世界未来的希望在海洋。21世纪的今天,世界已经进入全面开发和利用海洋的新时代。

在我国青少年中全面、系统地开展海洋知识的普及教育,以适应国际形势变化的需要和未来人类社会发展的需要,是我们当代海洋科技教育工作者的责任和义务。有感于此,我们来自国家机关、高等院校、科研院所、军事机构等40多位海洋科技工作者,花费了三年多时间,精心策划并编撰完成了我国有史以来第一部海洋知识体系最完备、内容最全面的科普图书。

《海洋小百科全书》共20分册,300余万字,110个知识大类,总7000余个知识问答,几乎涵盖了海洋自然科学、海洋人文科学、海洋军事科学的全部基本内容。本书第一版由中国少年儿童出版社于2002年5月出版,2003年9月荣获由中共中央宣传部等国家7个部门联合颁布的"第五届全国优秀科普作品奖科普图书类三等奖"。本书于2007年10月修订再版,现再次修订,由中山大学出版社出版。本次修订在保持原有知识体系和编写风格基本不变的情况下,除进行必要的知识内容更新外,又新增加了《海洋经济》分册,使《海洋小百科全书》的知识体系进一步完备,知识内容更加丰富。

本书自2002年5月出版至今,一直得到社会的普遍关注和广大读者的厚爱,在此,一并向曾经对本书编撰、出版、发行、修订等作出过贡献的人们表示衷心的谢意。

由于本书涵盖的知识内容宽泛,编写任务十分繁重,难免有知识遗漏和编写不当之处,欢迎广大读者提出宝贵的意见和建议。

《海洋小百科全书》主编:关庆利
2010年9月24日

《海洋小百科全书》分类目录

(20分册·110类)

1 海洋地理
　海洋地理大观
　世界海岛揽胜
　海洋地理趣闻
　奇妙海底世界
　海洋地质灾害
　神奇中国岛岸

2 海洋水文
　多姿多彩的海洋
　海水的自然神韵
　海洋与人类互动
　探测海洋的波脉

3 海洋气象
　走近海洋风暴
　探寻海洋天气
　感受海洋冷暖
　变换海洋风雨
　领悟沧海桑田
　俯观海气轮回

4 海洋探险
　古代海洋探险
　近代海洋探险
　现代极地探险
　环球海洋风采

5 海洋航运
　船舶千秋史话
　航海妙趣万千
　惊涛铸造奇闻
　中国航运今昔
　船运业务趣谈

6 极地科考
　挑战人类的环境
　不可争夺的领土
　南极人的生活
　南极生物奇趣
　揭开奥秘的考察
　北极世界的探索

7 海洋生物
　无限生机的海洋
　迷人的海洋奇葩
　璀璨的贝类明星
　威武的虾兵蟹将

微小的海洋居民
多彩的海洋植物

8 海洋动物
奇妙的动物家族
高超的生存技巧
神秘的自然之谜
复杂的生存关系
多彩的情爱生活
狰狞的危险动物
友善的人类朋友

9 海洋渔业
千姿百态捕鱼技术
海洋渔业发展史话
名贵海产品趣味谈
海产品美食与营养
海产品保健与药用

10 海洋化学
海水的趣味故事
海水的化学秘密
海水的化学资源
无尽的海底宝藏
流泪的海洋环境

11 海洋物理
妙趣横生海洋物理
威力无比海洋声学

奇光异彩海洋光学
探索海洋高新技术
四通八达海底电缆
准确无误导航技术

12 海洋工程
人类水下生活
探索海底世界
雄伟近岸工程
海上铸造希望
港口飞架彩虹
旅游方兴未艾
无尽海洋能源

13 海洋科教
著名的海洋科学家
世界海洋科技之最
重大海洋科学考察
世界海洋科研教育

14 海洋权益
蓝色的海洋国土
繁杂的海域划分
激烈的海洋争斗
独特的海运规则
严格的船舶管理
复杂的海事纠纷
神圣的海洋权益

15 海洋经济
　　海商奠基帝国兴起
　　追寻民族海商踪迹
　　当代海洋经济概览
　　日新月异朝阳产业
　　夯实蓝色经济基石

16 海洋文学
　　中国古代海洋文学
　　中国现代海洋文学
　　外国古代海洋文学
　　外国现代海洋文学
　　中外海洋影视文学

17 海洋文化
　　海洋神化故事
　　海洋语言文字
　　海洋绘画名作
　　海洋雕塑艺术
　　海洋音乐经典
　　海洋民俗风情

　　海洋著作学说

18 海军兵器
　　凶悍的汪洋猛鲨
　　奇妙的掠波剑鱼
　　神秘的龙宫巨鲸
　　无敌的长空雄鹰
　　未来的海战新秀
　　难忘的千年风流

19 古今海战
　　古代海战追踪
　　近代海战掠影
　　"一战"群雄争霸
　　"二战"邪灭正兴
　　现代海战大观

20 海洋军事
　　海军兵力纵横
　　海军礼仪风采
　　海军名人传奇
　　海军趣闻轶事